葡萄周年管理技术图谱

尚泓泉　娄玉穗　王　鹏　主编

河南科学技术出版社
· 郑州 ·

图书在版编目（CIP）数据

葡萄周年管理技术图谱/尚泓泉，娄玉穗，王鹏主编. —郑州：河南科学技术出版社，2021.8

ISBN 978-7-5725-0497-6

Ⅰ.①葡… Ⅱ.①尚… ②娄… ③王… Ⅲ.①葡萄栽培—图谱 Ⅳ.S663.1-64

中国版本图书馆CIP数据核字（2021）第136114号

出版发行：河南科学技术出版社

　　　　　地址：郑州市郑东新区祥盛街27号　　　邮编：450016

　　　　　电话：（0371）65737028　65788613

　　　　　网址：www.hnstp.cn

策划编辑：陈淑芹　陈　艳　　　编辑信箱：hnstpnys@126.com

责任编辑：陈　艳

责任校对：李晓雪

装帧设计：张德琛

责任印制：朱　飞

印　　刷：河南博雅彩印有限公司

经　　销：全国新华书店

开　　本：720 mm×1 020 mm　1/16　　印张：12　　字数：300千字

版　　次：2021年8月第1版　　2021年8月第1次印刷

定　　价：48.00元

本书编者名单

主　　编：尚泓泉　娄玉穗　王　鹏

副 主 编：吕中伟　张晓锋　王　彬

编写人员：樊红杰　李　政　吴文莹　张　柯
　　　　　王　琰　段罗顺　李　灿　聂渊博
　　　　　曹向阳　郭红光　魏林楠　刘启山
　　　　　王书美　马　珂

主编简介

尚泓泉，研究员，毕业于华中农业大学农学系。长期从事作物栽培生理研究，先后主持过国家级及省部级项目10余项；曾获国家科技进步二等奖2项，省部级奖多项；河南省"四优四化"科技支撑行动计划特色林果专项主持人。现为河南省农业科学院园艺研究所所长，兼任河南省植物生理学会副理事长，河南省农学会葡萄专业委员会副主任委员，河南省葡萄、梨工程研究中心主任。

娄玉穗，博士，毕业于上海交通大学农业与生物学院。从事葡萄栽培生理与技术研究10余年，在葡萄水分数字化管理上有重要突破。现为河南省农业科学院园艺研究所浆果（葡萄）研究室副主任。在 *Australian Journal of Grape and Wine Research* 及《园艺学报》《果树学报》《河南农业科学》等期刊上发表论文20余篇，获得专利3项。主持及参与国家、省部级等项目20余项。

王鹏，研究员，毕业于河南农业大学园林系。长期从事葡萄栽培技术研究工作。获河南省科学技术进步二等奖3项，省星火二等奖1项。审定葡萄品种3个。被评为2009年度河南十大"三农"新闻人物。现为国家葡萄产业技术体系豫东综合试验站站长，兼任河南省农学会葡萄专业委员会副主任委员、中国农学会葡萄分会常务理事、河南省草莓协会副会长。

前　言

　　葡萄是世界四大水果之一，在我国南北方均有广泛种植。据统计，2018 年我国葡萄种植面积达 725.1 千公顷，产量为 1 366.7 万吨，分别位居世界第二位和第一位。葡萄因其适应性广、形态美观、风味佳、营养价值高等特点深受广大消费者喜爱，已经成为农民增收、区域经济发展和消费市场不可缺少的大宗水果。

　　由于葡萄是一种收益相对较高的水果，所以近年来，黄淮地区同全国形势一样，葡萄生产一直在较快地发展，种植面积和产量一直稳步增加。黄淮地区尤其是河南省葡萄产业在优良品种、设施栽培、观光葡萄园建设等方面均取得了一定成绩。但是，在葡萄生产形势一片大好的背景下，河南省葡萄产业仍然存在品种落后、种植密度过大、栽培模式落后（以露地栽培为主）、不重视花果管理和品种配套栽培技术、误解植物生长调节剂和忽视有机肥的使用等问题。为了推进河南省葡萄产业结构调整，促进葡萄产业提档升级，进一步提高供给质量和供给效率，围绕"产品质量高、产业效益高、生产效率高、市场竞争力高、农民收入高"，河南省农业科学院园艺研究所葡萄项目组进行科学攻关，引进新优葡萄品种，研究配套栽培技术，通过避雨栽培、单栋大棚栽培和连栋大棚栽培技术研究，获得了大量科研成果和生产实践经验。本书根据我们多年的科研成果和栽培实践，以葡萄优质、高效、绿色生产为主线，总结了每个月份葡萄生产的精细管理技术，希望能为我国葡萄产业发展和葡萄种植爱好者、广大果农增收起到一定的促进作用，助推我国葡萄产业布局区域化、生产标准化、经营规模化、发展产业化、方式绿色化、产品品牌化。

　　在本书的编写过程中，参阅和引用了一些研究资料，对此我们向有关专家学者表示诚挚的谢意。

尚泓泉

2021 年 6 月

1. 葡萄设施栽培类型

葡萄避雨栽培

葡萄避雨栽培

葡萄单栋大棚栽培

葡萄单栋大棚栽培

葡萄连栋大棚栽培

葡萄连栋大棚栽培

葡萄连栋大棚栽培

葡萄日光温室栽培

葡萄设施栽培

2. 葡萄设施栽培结果图

阳光玫瑰葡萄避雨栽培　　　　　　　　　夏黑葡萄避雨栽培

新雅葡萄避雨栽培　　　　　　　　　阳光玫瑰葡萄单栋大棚栽培

夏黑葡萄单栋大棚栽培　　　　　　　　　新雅葡萄单栋大棚栽培

阳光玫瑰葡萄连栋大棚栽培　　　　　　　　阳光玫瑰葡萄连栋大棚栽培

夏黑葡萄连栋大棚栽培　　　　　　　　阳光玫瑰葡萄日光温室栽培

夏黑葡萄日光温室栽培　　　　　　　　红巴拉多葡萄日光温室栽培

3. 葡萄树形架式

高宽垂架生长季节

高宽垂架休眠季节

高宽平架生长季节

高宽平架休眠季节

"厂"形棚架生长季节

"厂"形棚架休眠季节

"T"形棚架生长季节

"T"形棚架休眠季节

"H"形棚架生长季节

"H"形棚架休眠季节

"王"形棚架生长季节

"王"形棚架休眠季节

砖槽式葡萄根域限制栽培

砖槽式葡萄根域限制栽培

限根器（控根器）模式葡萄根
域限制栽培

沟槽式葡萄根域限制栽培

箱筐式葡萄根域限制栽培

箱筐式葡萄根域限制栽培

右二：上海交通大学王世平教授，中间：河南省农业科学院尚泓泉研究员，左二：河南省农业科学院王鹏研究员，左一：河南省农业科学院娄玉穗博士，右一：河南杰美农业王书美

前排：右四：中国农学会葡萄分会会长刘俊研究员，左三：河南省农业科学院副院长卫文星研究员，右三：河南省农业科学院尚泓泉研究员，左二：中国农业大学王琦教授；后排：右五：中国农业科学院郑州果树研究所刘崇怀研究员，右四：河南省农业科学院王鹏研究员，中间排：河南省农业科学院娄玉穗博士

中间：河南省农业科学院卫文星研究员，右三：河南省农业科学院刘康峰研究员，左三：河南省农业科学院尚泓泉研究员，左二：河南省农业科学院王鹏研究员，右二：河南省农业科学院姜鸿勋副研究员，右一：河南省农业科学院张翔研究员

日本百年葡萄树

目录

第一章　葡萄品种介绍

葡萄（*Vitis vinifera* L.），又名蒲桃、草龙珠、山葫芦和李桃等，为葡萄科葡萄属木质落叶藤本植物，与苹果、柑橘、香蕉并称"世界四大水果"，也是地球上最古老的植物之一。据考古研究发现，在中生代白垩纪地质层中发现了葡萄科植物，表明在新生代第三纪乃至更早年代，地球上已经存在葡萄科植物。之后，在数百万年前已遍布

图1-1　各种各样的葡萄品种

北半球，由于大陆分离和冰河时期的影响，发展成多个种。葡萄还是栽培历史最悠久的植物之一，在5 000～7 000年前，埃及和地中海沿岸就已经开始种植葡萄并酿制葡萄酒。约3 000年前，葡萄栽培在希腊已相当兴盛，以后向北沿地中海传播至欧洲各地，向东沿丝绸之路传至中国新疆和内地，再传到东亚各国。据考古物证和资料记载，我国新疆引进和栽培葡萄应在公元前4世纪～公元前3世纪，已有2 300～2 400年以上的历史（杨承时，2003）。随着种植范围的扩展，品种不断增加，又形成了诸多各具地区特色的品种群。

一、葡萄种群

（一）葡萄属植物分类

葡萄属有70多个种，分为2个亚属，即圆叶葡萄亚属和真葡萄亚属。

1. **圆叶葡萄亚属**　圆叶葡萄亚属也叫麝香葡萄亚属，该属有3个种，染色体为$2n=40$，包括圆叶葡萄、乌葡萄和波葡萄，全部分布在美国的东南部地区。

2. **真葡萄亚属**　真葡萄亚属有70多个种，染色体$2n=38$，亚属内种间杂交容易，主要分布在北半球的温带地区。按照地理起源葡萄属分为3个种群，即起源于欧洲-西亚中心的欧亚种群、起源于东亚中心的东亚种群和起源于北美中心的北美种群（刘崇怀等，2014）。

（1）欧亚种群。本种群有1个种，即欧洲种（也叫欧亚种），发源于欧洲和亚洲。欧亚种群是葡萄属植物中的唯一栽培种，起源于黑海和里海之间及其南部的小亚细亚地区，又从这里传到东方和西方各国。欧亚种葡萄卷须间隔着生，果实品质好，风味纯正，但抗寒、抗病性差，适宜在气候比较温暖、阳光充足和较干燥的地区种植。本种群中的品种按照起源又分为单个地理品种群，即东方品种群、西欧品种群和黑海品种群。东方品种群起源于西亚，果粒大或中大，肉质脆，少香味，抗旱力强，但抗寒、抗湿、抗病性弱；西欧品种群起源于德国、意大利、西班牙等西欧国家，果粒小或中大，多汁，抗寒、抗病性较东方品种群略强；黑海品种群起源于黑海沿岸及巴尔干半岛各国，果粒中大，抗寒、抗病性较东方品种群强，但抗旱力较弱。

（2）东亚种群。本种群有40多个种，包括山葡萄、毛葡萄、复叶葡萄、刺葡萄、秋葡萄、华东葡萄、华北葡萄、网脉葡萄、菱叶葡萄、紫葛等。其中起源于我国的有10多个种，山葡萄原产我国东北及华北地区，果粒小，多用于酿酒或酿酒加色剂，也可作为抗寒、抗病的育种材料。刺葡萄分布在我国华中、华南地区，果实可鲜食或酿酒。

（3）北美种群。本种群有30多个种，包括美洲葡萄、河岸葡萄、沙地葡萄、冬葡萄、夏葡萄、霜葡萄、林氏葡萄、山平葡萄、甜冬葡萄等。原产北美大西洋沿岸，卷须连续着生，有较高经济价值的品种有美洲葡萄、河岸葡萄、沙地葡萄。美洲葡萄原产于加拿大南部及美国东北部，果实具有浓厚的麝香味（或草莓香味、狐香味），抗寒、抗病、耐湿。河岸葡萄原产于北美东北部，可作抗寒、抗病、抗根瘤蚜砧木品种的育种材料。沙地葡萄原产于美国中南部，果实小，品质差，无食用价值，可作抗旱、抗病、抗根瘤蚜砧木品种的育种材料。

（4）杂交种群。这是葡萄种间进行杂交培育成的杂交后代，如欧洲种和美洲种杂交后代称为欧美杂种，欧洲种和山葡萄杂交后代称为欧山杂种。欧美杂种在葡萄品种中占有较多数量，这些品种的显著特点是浆果具有美洲种的草莓香或麝香味，且具有良好的抗病、抗寒、抗潮湿性和丰产性。

目前，世界葡萄栽培种主要分为欧洲种、美洲种、欧美杂种、欧山杂种。野生种主要包括美洲葡萄、河岸葡萄、沙地葡萄、冬葡萄、山葡萄、毛葡萄、华东葡萄和秋葡萄。

（二）欧亚种和欧美杂种葡萄的特点

我们常见的鲜食葡萄栽培品种主要为欧亚种和欧美杂种。欧亚种中有代表性的葡萄品种有红地球、无核白、玫瑰香、无核白鸡心、美人指等，我国自育的欧亚种葡萄品种有瑞都红玉、无核翠宝等。常见的欧美杂种葡萄品种有巨峰、夏黑、藤稔、阳光玫瑰、金手指等，还有我国自育的京亚、户太8号等。两种葡萄在形态、品质、适应性和抗性等方面有着较明显的差异（伍国红等，2012）。

1.形态特征 欧亚种葡萄叶片近圆形，常3～5裂，背面长有茸毛或刺毛；欧美杂种葡萄卷须连续性，叶背茸毛锈色。欧亚种葡萄叶片较薄，栅状组织约占叶片厚度的1/5，叶绿素含量较少，故色泽较浅；欧美杂种葡萄叶片较厚，栅状组织约占叶片厚度的1/3，叶绿素含量较多，叶色深。通常，欧亚种葡萄的第1个花序多生长于新梢的第5节、第6节，1个结果枝上有花序1～2个；而欧美杂种葡萄的第1个花序着生于新梢的第3节、第4节（图1-2～图1-5）。

2.品质风味 欧亚种葡萄果肉与果皮难以分离，但果肉与种子易分离；

欧亚种葡萄（无核翠宝）
叶片较薄、色泽较浅

欧美杂种葡萄（阳光玫瑰）
叶片较厚、颜色较深

图1-2 欧亚种葡萄（左）与欧美杂种葡萄（右）叶片

欧亚种葡萄（无核翠宝）
叶片背面茸毛较少

欧美杂种葡萄（阳光玫瑰）
叶片背面茸毛较多

图1-3 欧亚种葡萄（左）与欧美杂种葡萄（右）叶片背面

欧美杂种葡萄具有肉囊，食之柔软（图1-6、图1-7）。欧亚种葡萄具有令人喜爱的玫瑰香味，更适宜鲜食和加工；而欧美杂种葡萄具有强烈的狐香味（也叫草莓味，更容易遗传给后代）。

3.适应性

（1）温度。欧美杂种葡萄比欧亚种葡萄落叶早，进入休眠期的时间也早，枝条抗冻能力比欧亚种葡萄好。成熟的欧美杂种葡萄枝条可抗-20℃低温，而成熟的欧亚种葡萄枝条只能抗-15℃的低温。葡萄根系的抗寒力较

欧亚种葡萄（无核翠宝）
叶片正面　　　　　　　　欧美杂种葡萄（阳光玫瑰）
叶片正面

图1-4　欧亚种葡萄（左）与欧美杂种葡萄（右）叶片正面

欧亚种葡萄（无核翠宝）果
穗着生在新梢第5节　　　　　　欧美杂种葡萄（阳光玫瑰）花序
着生在新梢第3节、第5节

图1-5　欧亚种葡萄（左）与欧美杂种葡萄（右）果穗/花序着生位置

差，但不同种群间也有一定的差异，欧亚种葡萄的根系在-5～-3℃时即可遭受冻害，而欧美杂种葡萄可抗-7～-4℃低温。

（2）光照。葡萄是长日照植物，日照长时新梢才会生长，日照缩短则生长缓慢，成熟速度加快。欧美杂种葡萄比欧亚种葡萄对光周期的变化更为敏感。在北方地区，日照变短时，欧美杂种葡萄枝条成熟加快，成熟度好。欧亚种葡萄的许多品种对光照周期不敏感，但在生长季节短的地区枝蔓不易成熟，冬季抗寒能力弱。

4.抗病性　一般欧美杂种葡萄较抗病，欧亚种葡萄易感病。葡萄品种间抗病性差异的原因是多方面的，除了与基因有关外，与形态学、解剖学也有

欧亚种葡萄（新雅）果肉与
种子易分离

欧美杂种葡萄（巨玫瑰）果肉与
种子不易分离

图1-6　欧亚种葡萄（左）与欧美杂种葡萄（右）果肉与种子特点

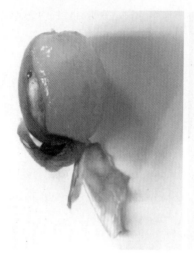

欧亚种葡萄（新雅）果肉与
果皮不易分离

欧美杂种葡萄（巨玫瑰）果肉与
果皮易分离

图1-7　欧亚种（左）与欧美杂种（右）葡萄果肉与果皮特点

关系。比如，叶背气孔数目、气孔开张角度与抗病性有关，单位面积上气孔数目多、开张角度大，则容易感病。

二、葡萄品种分类

据统计，世界上已经登记的葡萄品种有16 000多个，其中具有商品栽培价值的品种有7 000~8 000个（Alleweldt，1990），因此，葡萄是栽培品种最多的植物之一，也是形状、颜色最丰富的植物之一，这些品种主要有欧洲种、美洲种和欧美杂种。

葡萄按照用途可以分为鲜食品种、酿酒品种、制干品种、制汁品种、制罐品种和砧木品种等，实际上类与类之间很难截然分开，往往一个品种可以兼用。

按照成熟期的早晚，葡萄品种也可以分为早熟品种、中熟品种和晚熟品种。早熟品种指从萌芽到果实成熟需要115~130天、≥10℃年活动积温需要2 400~2 800℃的葡萄品种，在生长期积温较低的地区和市场需求早熟、早上市的地区可进行种植。中熟品种指从萌芽到果实成熟需要130~145天、≥10℃年活动积温需要2 800~3 200℃的葡萄品种。晚熟品种指从萌芽到果实成熟需要145~160天、≥10℃年活动积温需要3 200~3 500℃的葡萄品种。另外，通常把从萌芽到果实成熟需要100~115天、≥10℃年活动积温需要2 000~2 400℃的葡萄品种称为极早熟品种。把从萌芽到果实成熟在160天以上、≥10℃年活动积温需要3 500℃以上的葡萄品种称为极晚熟品种（王西平等，2015）。

下面简单介绍一下我国葡萄的主栽品种及具有发展前景的品种。

（一）早熟品种

1.夏黑　早熟，欧美杂种，三倍体，别名黑夏、夏黑无核，由日本山梨县果树试验场通过杂交选育而成，天然无核，亲本为'巨峰'×'无核白'（图1-8）。

图1-8　夏黑

果穗圆锥形或圆柱形，果粒近圆形，着生紧密，自然坐果条件下，果粒小（粒重2～3.5克）且易落粒，没有商品价值。经植物生长调节剂处理后，平均单粒重7.5克左右，最大果粒重可达15克左右，平均果穗重500～600克，最大果穗重可达1 000克。果肉硬脆，可溶性固形物含量高，充分成熟时可达20%以上，且具有淡淡的草莓香味，果汁呈紫黑色，味浓甜。果皮紫黑色或蓝黑色，较厚，果粉多。鲜食品质上等。

植株生长势旺，发枝力强，丰产、稳产性好。花芽分化好，若挂果过量，则会影响花芽分化，每个结果枝带花序1～3个，一般着生于第4～6节上。通常情况下，每个结果枝只留一个果穗，若结果枝生长强旺，则可留两个果穗，控制旺长。两年生树亩产可达500～600千克，三年生树亩产可达1 200～1 500千克，建议亩产量控制在1 000千克左右，单穗重500～600克，单粒重6～8克；若产量过高，果实呈红色，且糖度低，口感淡，成熟期推迟。

夏黑葡萄植株抗病性较强，但栽培过程中应注意对灰霉病、霜霉病和炭疽病等病害的防治。有条件的可采用避雨栽培，将病害发生率降到最低。建议成熟后及时采收，防止遇到雨水天气裂果。

在河南郑州地区避雨栽培条件下，该品种于3月底至4月初萌芽，5月上旬开花，6月下旬枝条开始成熟，且果实进入转色期，7月中下旬至8月初果实成熟，从萌芽到果实成熟仅需110天左右。温棚栽培条件下各物候期较避雨栽培提前。

2.瑞都红玉 早熟，欧亚种，二倍体，由北京市农林科学院林业果树研究所于2005年在'瑞都香玉'（母本为'京秀'、父本为'香妃'）高接时发现的红色芽变品种，2014年经过审定（张国军等，2016）（图1-9）。

果穗圆锥形，个别有副穗，单或双歧肩，松紧度适中，平均单穗重404克。果粒长椭圆形或卵圆形，大小较整齐，平均单粒重5.2克，最大果粒重7.5克。果粉中等厚，果皮紫红色或红色，易着色，色泽较一致，果皮较脆，薄至中等厚，无或稍有涩味。果肉脆甜，酸甜多汁，硬度中等，无色，有浓郁的玫瑰香味。每粒果实含2～4粒种子，可溶性固形物含量为19.5%左右，品

质上等。果梗抗拉力中或大，是一个比较理想的早熟、红色系且具有玫瑰香

图 1-9 瑞都红玉

味的葡萄新品种。

该品种生长势中庸偏弱，花芽分化好，萌芽率较高，结果枝率较高。平均每个结果枝上有1.2个花序，着生于结果枝的第3~4节。枝条中等粗，成熟度良好。新梢半直立，节间背侧绿色具红条纹，节间腹侧绿色，无茸毛，嫩梢梢尖开张，茸毛中等。卷须间断，长度中等。幼叶黄绿色，表面有光泽，上表面茸毛密度中等，下表面茸毛密，叶脉花青素着色中等，叶片厚度中等。成龄叶心脏形，绿色，中等大，中等厚，5裂，叶缘上卷，上裂刻稍重叠，下裂刻开张，锯齿形状为双侧凸，叶柄比主脉短，叶柄洼形状为矢形，叶背茸毛密度中等，上、下表面叶脉花青素着色极弱。冬芽花青素着色弱。定植当年需加强肥水供应，使树体尽快成形，枝条健壮，为第二年的结果奠定基础。该品种开花前需进行花序整形，疏除密集的果粒，保证果穗松散，粒粒均匀。在华北及类似气候区可栽培，雨量过大地区建议采用避雨栽培，第二年开花结果，丰产性好，盛果期亩产量控制在1 500千克左右。抗病能力中等，易感染霜霉病。

在河南郑州地区避雨栽培条件下，该品种于3月底至4月初萌芽，5月上中旬开花，7月中下旬果实成熟。

3.爱神玫瑰 早熟，欧亚种，二倍体，北京市农林科学院林业果树研究所育成，亲本为'玫瑰香'×'京早晶'（徐海英，1994）（图1-10）。

果穗圆锥形，带副穗，平均单穗重220.3克。果粒椭圆形，天然无核，紫红色或紫黑色，果粒小，平均单粒重2.3克。果皮中等厚。果肉中等脆。汁中等多，味酸甜，有玫瑰香味，可溶性固形物含量为17%~19%，可滴定酸含量为0.71%左右，鲜食品质上等。无种子。

图1-10 爱神玫瑰

嫩梢绿色，带红褐色，梢尖半开张，茸毛少；新梢生长直立。幼叶绿色，带浅褐色，上表面无光泽，下表面有少量茸毛；成龄叶片中等大，心脏形，上表面平滑无光泽，下表面茸毛少。叶片5裂，上裂刻深，下裂刻开张。两性花。树势较强。早果性好，极早熟，从萌芽到浆果成熟需103天左右。

栽培要点：喜微酸性沙壤土，要求钾肥充足。棚、篱架栽培均可，长、中、短梢混合修剪。花序大，开花前应进行花序整理，以提高坐果率。开花期至花后2周用赤霉酸处理膨大果粒，同时消除残核。雨季注意防治霜霉病，抗灰霉病、穗轴褐枯病能力较强，抗白腐病、炭疽病、黑痘病和白粉病能力中等。

在河南郑州地区避雨栽培条件下，该品种于3月底至4月初萌芽，5月上中旬开花，6月底转色，8月初果实成熟。

4.无核翠宝 早熟，欧亚种，二倍体，由山西省农业科学院果树研究所于1999年用'瑰宝'×'无核白鸡心'杂交培育而成，2011年

图1-11 无核翠宝

嫩梢绿色，有明显的紫红色条纹。幼叶呈紫色条纹，背面密披白色茸毛。成龄叶片中等大、色泽淡、心脏形、浅3裂；叶面平，叶缘略向上，背面茸毛中等，叶缘锯齿锐。叶柄浅红色，叶柄洼拱形开展。成熟枝条为红褐色，节间中等长度。卷须间隔性，花穗小，两性花，种子1粒，种子不完全发育。

在河南郑州避雨栽培条件下，该品种于3月底至4月初萌芽，5月上旬开花，7月中下旬果实成熟，比夏黑早熟一周左右。

10.火州黑玉 早熟，欧亚种，由新疆葡萄瓜果开发研究中心以'红地球'与'火焰无核'杂交选育而成。2011年在新疆取得新品种登记（图1-17）。

果穗紧凑，单穗重500克左右。果粒近圆形，紫黑色，着生紧密，果粒偏小，单粒重2~3克。果皮中等厚，稍涩。果肉较脆，天然无核或有残核，可溶性固形物含量为18%，耐储运。成熟后有裂果现象。

在河南郑州避雨栽培条件下，该品种于3月底至4月初萌芽，5月上旬开花，7月底果实成熟。

11.沈农金皇后 早熟，欧亚种，由沈阳农业大学从'87-1'自交实生后代中选育，2009年12月通过辽宁省农作物品种审定委员会审定（郭修武等，2010）（图1-18）。

图1-17 火州黑玉　　　　图1-18 沈农金皇后

果穗圆锥形，穗形整齐，平均单穗重856克。果粒着生紧密，大小均匀，椭圆形，果皮金黄色，平均单粒重7.6克。果皮薄。果肉脆，成熟期果实可溶性固形物含量为17%以上，味甜，具有玫瑰香味，品质上等。每个果粒含种子1~2粒。

嫩梢绿色。幼叶绿色带红褐色，上表面无茸毛，有光泽，下表面茸毛中等。成龄叶近圆形，大，上、下表面无茸毛，锯齿钝，3~5裂，裂刻较深。叶柄洼为闭合椭圆形。生长势较旺。早果性好，丰产。

在河南郑州避雨栽培条件下，该品种于3月底至4月初萌芽，5月上旬开花，7月底果实成熟。从萌芽到果实充分成熟需120天左右。抗病性较强。

12.天工墨玉 早熟，欧美杂种，三倍体，由浙江省农业科学院从'夏黑'芽变中选育（魏灵珠等，2018）（图1-19）。

果穗圆锥形或圆柱形，平均单穗重597.3克。果粒近圆形，自然果粒重3~3.5克，经植物生长调节剂处理后平均单粒重6.7克。果皮蓝黑色。果粉厚，易着色。果肉爽脆，味甜，可溶性固形物含量为18%~23%，比夏黑成熟早7~10天。裂果较夏黑少。

图1-19 天工墨玉

嫩梢浅红褐色（五叶期）。梢尖半开张，有茸毛，无光泽。幼叶浅红褐色，带浅红褐色晕；上表面有光泽，下表面密生丝毛。成龄叶片近圆形，较大，泡状突起弱，叶表面墨绿色，背面有一层稀疏的丝状茸毛，叶片正面主脉花色苷显色强度较弱。叶片为3或5裂，上、下裂刻深度深，上裂刻裂片重叠，下裂刻裂片开张，裂刻基部窄拱形。成龄叶片上锯齿性状为两侧直与两侧凹皆有。叶柄洼多为"U"形。新梢较直立，节背侧红色带条纹，节间腹侧为绿色。成熟枝条为红褐色。

13.七星女王　早熟，由日本选育，亲本为'阳光玫瑰'×'美人指'（图1-20）。

果穗圆锥形或圆柱形，果粒着生中等密，单穗重350～500克。果粒长卵圆形，鲜红至深红色，单粒重8～10克。果皮薄。果肉脆甜，成熟期果实可溶性固形物含量可达27%，具有玫瑰香味，品质上等。但自然果穗存在大小粒现象，可以使用植物生长调节剂处理。成熟期易裂果。

在河南郑州避雨栽培条件下，该品种于3月底至4月初萌芽，5月上旬开花，7月底至8月初果实成熟。

图 1-20　七星女王

（二）中熟品种

1.瑞都香玉　中熟，欧亚种，二倍体，由北京市农林科学院林业果树研究所以'京秀'×'香妃'为亲本杂交选育（张国军等，2016）（图1-21）。

果穗圆锥形，带副穗或歧肩。平均单穗重580.6克。果粒着生松散，椭圆形，平均单粒重6.8克，最大果粒重8.6克。果皮呈黄绿色，肉质脆，皮稍涩。果肉酸甜，汁中等多，果皮呈黄绿色时玫瑰香味浓郁，果实可溶性固形物含量为18%～21%。自然坐果好，丰产性强。每个果粒含种子3～4粒。

树势中庸。新梢半直立，新梢中部节间腹

图 1-21　瑞都香玉

侧绿色带红色条带，节间背侧绿色，卷须间断分布，节上茸毛无或极疏。嫩梢梢尖全开张，茸毛中等多。幼叶黄绿色，上表面有光泽，花青素着色程度浅，下表面叶脉间匍匐茸毛密。成龄叶叶型为单叶，叶缘稍上卷，五角形，绿色，5裂，裂刻浅，锯齿形状为双侧凸，下表面叶脉间匍匐茸毛中等。叶柄洼半开张，基部"V"形。

在河南郑州避雨栽培条件下，该品种于3月底至4月初萌芽，5月上旬开花，8月初果实成熟。

2.蜜光　中熟，欧美杂种，四倍体，由河北省农林科学院昌黎果树研究所选育，亲本为'巨峰'ב '早黑宝'（赵胜建等，2014）（图1-22）。

果穗圆锥形，带副穗，平均单穗重600～800克，最大果穗重达1 000克。果粒椭圆形，松散适度，平均单粒重10克，果粒大小均匀一致。果粉中等厚。完熟后果皮呈紫黑色，着色容易，套袋也可着全紫红色。果肉硬而脆，具有浓郁的玫瑰香味，风味极甜，无涩味，品质极佳，可溶性固形物含量达18%～20%，最高达24.8%。

图1-22　蜜光

生长势中庸偏旺，花芽分化好，萌芽率高，结果枝率较高。一般每个结果枝带1个花序，极个别带2～3个花序。花序一般着生于结果枝的第3～4节。嫩梢梢尖半开放，茸毛着色中等。幼叶酒红色，成龄叶绿色，5裂。成熟枝条光滑，红褐色，枝条中等粗，成熟度良好。定植当年需加强肥水供应，使树体成形，枝条健壮，为第二年的结果奠定基础。该品种适应性好，栽培管理相对容易，成熟后有裂果现象，建议保护地栽培，促进提早成熟。丰产性强，盛果期树亩产量控制在2 000千克以内。

在河南郑州地区，该品种于3月底至4月初萌芽，5月上中旬开花，8月初成熟。抗病能力中等，后期要预防霜霉病，病害防治按照常规管理即可。

3.巨玫瑰　中熟，欧美杂种，四倍体，由大连市农业科学研究院以'沈阳玫瑰'为母本、'巨峰'为父本杂交选育而成，2002年通过品种鉴定并命名（王玉环，2003）（图1-23）。

图1-23 巨玫瑰

果穗圆锥形，中等紧密，单穗重400～550克。果粒长圆形或卵圆形，果粒大，平均单粒重9克左右。果皮呈紫红色，可着色至紫黑色。可溶性固形物含量在17%以上，果肉柔软多汁，具有浓郁的玫瑰香味，品质极佳；果粉中等多，果皮中等厚，稍有涩味，含2～3粒种子。成熟后应及时采收，完熟后易掉粒，需引起重视。

该品种生长势较旺，花芽分化、丰产性均较好，其结果枝占芽眼总数的70.5%，每个结果枝带花序2～3个，花序大多着生在第2～5节，属于低节位花芽分化。挂果早，苗木定植第二年即可结果，第二年亩产量可达500千克，三年生树即进入盛果期，建议盛果期亩产量控制在1 500千克左右。因其长势旺，不需留预备枝，以防徒长，果穗在选留时采用"强二壮一弱不留"的原则。该品种存在坐果不良、大小粒等问题，生产上可以通过使用植物生长调节剂进行保花保果处理。

嫩梢绿色，带紫红色条纹，有中等密度白色茸毛；成熟枝条红褐色，伴有褐色条纹，节间中长、粗壮。幼叶绿色，带紫褐色，上表面有光泽，下表面密生白色茸毛，叶缘桃红色；成龄叶心脏形，大，较厚，叶缘波浪状，上表面光滑无光泽，下表面有中等密度混合茸毛，5裂，上裂刻深，下裂刻中等深，叶背混合茸毛中多，锯齿大。卷须双间隔。

在郑州地区避雨栽培条件下，该品种于4月初萌芽，5月上旬开花，8月上旬成熟，从萌芽至浆果成熟需要140天左右。该品种抗性中等，果实易感染炭疽病，叶片后期易感染霜霉病，需加强套袋前和雨季病害的药剂防治工作。

4.醉金香 中熟，欧美杂种，四倍体，由辽宁省农业科学院以'7601'（玫瑰香芽变）×'巨峰'杂交育成，1997年通过辽宁省农作物品种审定委员会审定（张立明等，1998）（图1-24）。

果穗圆锥形，平均单穗重500克左右，经植物生长调节剂处理后单穗重可达800~1 000克。果粒倒卵圆形，黄绿色至金黄色，平均单粒重10克左右。果肉软，每个果粒含种子1~3粒，果实转黄绿色时可溶性固形物含量为16%~18%，果实金黄色时可溶性固形物含量为20%以上，具有浓郁的玫瑰香味。果柄短，需要植物生长调节剂处理。

在郑州地区避雨栽培条件下，该品种于4月初萌芽，5月上旬开花，8月上旬成熟。

图1-24 醉金香

5.红艳无核 中熟，欧亚种，由中国农业科学院郑州果树研究所以'京秀'×'布朗无核'为亲本杂交选育而成（刘崇怀等，2017）（图1-25）。

果穗圆锥形，穗梗中等长，带副穗，平均单穗重1 200克。果粒着生中等紧密，成熟一致；果粒椭圆形，深红色，平均单粒重4克，最大果粒重6克。果粒与果柄难分离，果粉中等，果皮无涩味。果肉中等脆，汁少，有清香味，无核，不裂果。可溶性固形物含量达20.4%以上，品质优。

该品种植株生长势中等偏旺，进入结果期早，定植第二年开始结果，易早期丰

图1-25 红艳无核

产。正常结果树一般产果1 500千克/亩。适合在温暖、雨量少的气候条件下种植，棚架、篱架栽培均可，以中短梢修剪为主。

栽培要点：适合在温暖、雨量少的气候条件下种植，在南方多雨地区可采用避雨栽培。适宜双"十"字V形架和小棚架栽培，以中短梢修剪为主。基肥

宜在9月底至10月初施入。在花前、幼果期和浆果成熟期可喷0.5%的硫酸钾溶液或中微量元素溶液。入冬后应至少灌水3次,分别在落叶后、土壤上冻前和土壤解冻后。

在郑州地区,该品种于4月上旬萌芽,5月上旬开花,7月中旬浆果始熟,8月中旬果实充分成熟。

6.沪培3号 中熟,欧美杂种,三倍体,由上海市农业科学院林木果树研究所以二倍体无核品种'喜乐'为母本与四倍体品种'藤稔'杂交,经胚挽救培养育成(蒋爱丽等,2015)(图1-26)。

果穗圆柱形,单穗重400~460克,果穗中等紧密。果粒椭圆形,平均单粒重6.7克。果皮紫红色。果肉软,质地细腻,果实可溶性固形物含量为16%~19%,口感较好。

在河南郑州地区,该品种于3月底至4月初萌芽,5月上中旬开花,8月上旬成熟。

图1-26 沪培3号

7.巨峰 中熟,欧美杂种,四倍体,由日本大井上康通过杂交选育而成,亲本为'石原早生'בּ'森田尼',在我国各地均有大面积种植,是我国栽培面积最大的葡萄品种(图1-27)。

果穗圆锥形,或带副穗,平均单穗重400克左右,果粒着生中等紧密。果粒椭圆形,红色至紫黑色,平均单粒重8~10克。果皮较厚有涩味,果粉厚。果肉较软,有肉囊,汁多,味酸甜,具有草莓香味,可溶性

图1-27 巨峰

固形物含量为18%以上，品质中上等。每个果粒含种子多为1粒。

嫩梢绿色，梢尖半张开微带紫红色，茸毛中等密。幼叶浅绿色，下表面有中等密白色茸毛；成龄叶近圆形，大，上表面有网状皱褶，下表面茸毛中等密；叶片3或5裂，上裂刻浅，开张或闭合，下裂刻浅，开张。

8.金手指 中熟，欧美杂种，由日本原田富于1982年通过杂交育成，1993年登记注册，是日本'五指'（美人指、少女指、婴儿指、长指、金手指）中唯一的欧美杂种（图1-28）。

果穗长圆锥形，带副穗，松紧适度，平均单穗重300~550克，最大果穗重可达1 500克。果粒形状奇特美观，近似指形，中间粗两头细，略弯曲，呈

图1-28 金手指

弓状，平均单粒重6克左右，最大果粒重20克，每个果粒含种子2~3粒。果皮黄白色，完熟后果皮呈金黄色，十分诱人，果皮薄，韧性强，不裂果。果肉脆，可切片，汁中多，甘甜爽口，有浓郁的冰糖味和牛奶味，果实可溶性固形物含量为20%~22%，金黄色的果实可溶性固形物含量可达25%，甜至极甜，口感极佳。果柄与果粒结合牢固，捏住一粒果可提起整穗果。

树势强旺，发枝力强，冬芽主芽萌芽率为87.7%，花芽分化稍差，每个结果枝着生1~2个花序，花序着生在结果枝的第3~5节，以第3、第4节为主，属于低节位花芽分化。枝蔓较粗，节间较长。基部叶片生长正常，不易提前黄花。副梢生长旺盛，容易使架面郁闭，需及时进行单叶绝后摘心处理。切记副梢摘心和主梢摘心不可同时进行，以免逼迫其冬芽萌发，相隔一周后再进行即可。两年生树可少量挂果，四年生树可进入盛产期，平均每亩产量可达1 250~1 500千克，产量较稳定。果实成熟后可挂树1个月，含糖量更高，品质更佳。

在河南郑州地区，该品种于4月初萌芽，5月上旬开花，7月初枝条开始老熟，7月中旬进入软化期，8月初浆果成熟，从萌芽到浆果成熟需要116～128天。

该品种抗病性中等，避雨栽培条件下病害极少。露地栽培的金手指必须套袋，且中后期预防白腐病的发生。由于金手指果皮薄，5～6月容易发生日灼病，必须引起高度重视。

9.户太8号　中熟，欧美杂种，由陕西省西安葡萄研究所从奥林匹亚的芽变中选育出的葡萄新品种（图1-29）。

图1-29　户太8号

果穗圆锥形，或带副穗，松紧度中等，平均单穗重600克。果粒近圆形，紫红色或紫黑色，平均单粒重10克。果粉厚白。果皮中等厚，果皮与果肉易分离，果肉细脆，酸甜可口，可溶性固形物含量为18%以上，品质优。每个果粒含种子多为1～2粒。

嫩梢绿色，梢尖半开张微带紫红色，茸毛中等密。幼叶浅绿色，叶缘带紫红色，下表面有中等白色茸毛。成龄叶片近圆形，大，深绿色，上表面有网状皱褶，主脉绿色。叶片多为5裂。锯齿中等锐。叶柄洼宽广拱形。夏芽副梢成花能力强，多次结果能力强。

10.藤稔　中熟，欧美杂种，四倍体，由日本选育，亲本为'红蜜'（井川682）×'先锋'，在我国浙江、江苏、上海、湖北等地大面积种植（图1-30）。

也叫乒乓葡萄，果穗圆柱形或圆锥形，带

图1-30　藤稔

副穗，平均单穗重400克。果粒着生中等紧密，果粒短椭圆形或圆形，紫红或紫黑色，平均单粒重12克以上。果皮中等厚，有涩味，果肉中等脆，有肉囊，汁中等多，味酸甜，成熟期可溶性固形物含量为17%以上，品质中上等。每个果粒含种子1～2粒。从萌芽至浆果成熟需130～140天。

图1-31 瑞都科美

11.瑞都科美 中熟，欧亚种，二倍体，由北京市农林科学院林业果树研究所从'意大利'ב '路易斯玫瑰'杂交后代中选育（孙磊等，2017）（图1-31）。

果穗圆锥形，平均单穗重502.5克，果穗紧密度中或松。果粒椭圆形或卵圆形，平均单粒重7.2克，最大单粒重9克，含种子2～3粒。果皮黄绿色，中等厚。果粉中，果皮较脆，无或稍有涩味。果肉中或较脆，硬度中等，风味酸甜，具有玫瑰香味，可溶性固形物含量达17.2%以上。连年结果能力强。该品种在北京地区于8月下旬成熟。果实不易裂果，果穗大小、松散度适中，基本不用疏花疏果，栽培省工。

综合评价：丰产，优质，中熟，玫瑰香味较浓郁，果穗外形美，整齐度高，栽培省工。

（三）晚熟品种

1.新雅 晚熟，欧亚种，由新疆葡萄瓜果开发研究中心于1991年以'红地球'自然实生后代'E42-6'为母本、'里扎马特'为父本进行杂交选育的葡萄新品种，2014年通过品种审定（图1-32）。

果穗圆锥形，平均单穗重600克，最大

图1-32 新雅

果穗重高达1 500克，果穗松散或紧密。果粒鸡心形或长椭圆形，平均单粒重10克，肉脆，果皮浅玫瑰红至紫红色，十分漂亮。果肉脆甜爽口，皮薄可食，每个果粒含种子2～3粒，可溶性固形物含量为17%左右。

花芽分化好，稳产性强。平均每个结果枝着生1.3个花序，坐果好。果穗较大，必须修整花序，否则着色差。该品种生长势中庸，定植第一年长势偏弱，必须加强肥水管理，培养壮树，为第二年结果奠定基础。叶片属于小叶型，基部叶片生长正常，不易提前黄花。着色艳丽是该品种优良的性状表现，必须严格控产，提高果实品质，建议亩产量控制在1 500千克以内。建议转色后进行摘袋，促进果实着色。

在河南郑州地区，该品种于3月底至4月初萌芽，5月初开花，8月下旬成熟，从萌芽至成熟需140天左右。该品种抗病性中等，后期易感染霜霉病，需提前做好预防工作，将病害降到最低。后期需注意及时做好排水工作，预防裂果发生。建议地膜覆盖。

2.新郁（新葡6号） 晚熟，欧亚种，二倍体，由新疆葡萄瓜果开发研究中心以'E42-6'（红地球实生）×'里扎马特'杂交选育而成，2005年在新疆取得新品种登记（骆强伟等，2007）（图1-33）。

果穗圆锥形，紧凑，单穗重可达800克以上。果粒椭圆形，紫红色，着生较紧密，果粒大，平均单粒重12克以上。果皮

图1-33 新郁

中厚。果肉较脆，可溶性固形物含量为17%～19%。品质中上等，每个果粒含种子2～3粒，种子与果肉易分离。外观好。

嫩梢绿色，有稀疏茸毛。幼叶绿色带微红，上表面无茸毛，有光泽，下表面有稀疏茸毛。成龄叶中等大，近圆形，中等厚，上、下表面无茸毛。5裂，裂刻中等深。锯齿中锐。

在河南郑州地区，该品种于3月底至4月初萌芽，5月上中旬开花，8月底

成熟。从萌芽至果实完全成熟需要145天左右。该品种生长势强旺，花芽分化不良，栽培中需控制旺长。着色期可通过摘老叶，增加光照促进转色，对直射光较敏感，严格控制产量。

3. **秋红宝** 晚熟，欧亚种，二倍体，由山西省农业科学院果树研究所用'瑰宝'×'粉红太妃'杂交培育而成（陈俊等，2007）（图1-34）。

图1-34 秋红宝

果穗圆锥形，双歧肩，平均单穗重508克。果粒短椭圆形，着生紧密，大小均匀，平均单粒重7.1克，最大果粒重9克。果皮紫红色，薄、脆，果皮与果肉不易分离。果肉致密、细腻、硬脆，味甜、爽口，具有荔枝香味，风味独特，可溶性固形物含量可达21.8%。每个果粒一般含种子2~3粒，种子较小。

在河南郑州地区，该品种于3月底至4月初萌芽，5月上中旬开花，8月中下旬成熟。

4. **紫甜无核** 也称A17，晚熟，由河北昌黎农民育种家李绍星用'牛奶'×'皇家秋天'杂交选育（张英等，2011）（图1-35）。

果穗圆锥形，紧密度中等，平均单穗重500克。果粒长椭圆形，整齐度一致，平均单粒重5.6克，天然无核。果粒鸡心形，紫黑色或蓝黑色。果肉硬脆，品质佳，外观美，不裂果。耐储藏。从萌芽至成熟需150天左右。

5. **阳光玫瑰** 晚熟，欧美杂种，二倍体，由日本果树试验场安芸津葡萄、柿研究部选育而成，亲本为'安芸津21号'和'白南'（图1-36）。

果穗圆锥形或圆柱形，松散适度，平均单穗重600~800克。果粒椭圆形，平均单粒重6~8克，植物生长调节剂处理后果粒重达10克以上，果粒大小均匀一致。果粉少，果皮黄绿色，完熟时可达金黄色，果面有光泽，阳光下翠绿耀眼，非常漂亮。肉质脆甜爽口，有玫瑰香味，皮薄可食，无涩味。

图 1-35　紫甜无核

图 1-36　阳光玫瑰

果皮与果肉不易分离，可溶性固形物含量达18%以上，最高可达29%，极甜。果实成熟后可挂树至霜降，不裂果，不易脱粒。鲜食品质极佳。

　　该品种生长势中庸偏旺，花芽分化好，萌芽率高，结果枝率较高。花序一般着生于结果枝第3～4节。基部叶片生长正常，枝条中等粗，成熟度良好。嫩梢黄绿色，梢尖附带浅红色，密生白色茸毛。幼叶浅红色，上表面有光泽，下表面有丝毛。成龄叶心脏形，绿色，5裂，上裂刻较深，叶背有稀疏茸毛，叶柄长，叶柄洼基部"U"形半张。从萌芽至开始成熟需150天左右，属晚熟品种。定植当年需加强肥水供应，使树体成形，枝条健壮，为第二年的结果奠定基础。另外，该品种适合无核化栽培。

　　在郑州地区避雨栽培条件下，该品种于3月底至4月初萌芽，5月上旬开花，8月下旬果实成熟。该品种抗病性较强，主要病害有霜霉病，主要害虫有绿盲蝽。

　　6.无核白　晚熟，欧亚种，别名汤姆逊无核，原产小亚细亚地区，为新疆的主栽葡萄品种（图1-37）。

图 1-37　无核白

果穗长圆锥形或圆柱形，平均单穗重337克，最大果穗重1 000克，果穗大小不整齐，果粒着生紧密或中等密。果粒椭圆形，天然无核，黄白色，较小，在自然状况下平均单粒重2克左右。果皮薄而脆。果肉淡绿色，脆，汁少，味甜。成熟期果实可溶性固形物含量达21%以上，是鲜食、制干兼用品种。

在新疆吐鲁番市，该品种于4月上旬萌芽，5月中下旬开花，8月下旬果实成熟。从萌芽到成熟需140天左右，需活动积温约3 400℃。抗旱性强，抗病性差，易感染白粉病、白腐病和黑痘病。

7.甜蜜蓝宝石　晚熟，欧亚种，由美国农业部选育（图1-38）。

天然无核，果穗较大，平均单穗重700克，最大果穗重可达2～3千克。果粒为长圆形，蓝黑色，最长的超过5.5厘米，平均单粒重7.7克，最大果粒重达10克以上，果粒大小均匀一致，果顶凹陷，果粒美观。果肉脆滑，果粒果穗着色均匀一致。果皮轻薄，果肉可切片。

图1-38　甜蜜蓝宝石

在河南郑州地区露地栽培条件下，该品种于8月底成熟，着色快速而均匀。成熟后可挂树1个月以上，耐储运。但露地栽培容易受冻害，果实易发生日灼，成熟后易裂果。

8.浪漫红颜　晚熟，欧美杂交种，二倍体，由日本培育，亲本为'阳光玫瑰'×'魏可'（温克）（图1-39）。

果穗圆锥形，单穗重700克左右，果粒整齐紧凑，需要植物生长调节剂处理。果粒

图1-39　浪漫红颜

椭圆形，鲜红色，果粒大，单粒重10克以上，成熟期果实可溶性固形物含量在20%以上，无香味，耐储运。果实着色较困难，对种植技术要求较高。

9.妮娜皇后 也叫妮娜女皇、妮娜公主等，晚熟，欧美杂种，四倍体，由日本培育，亲本为'安艺津20号'（'红瑞宝'×'白峰'）×'安艺皇后'（图1-40）。

图1-40 妮娜皇后

果穗圆锥形或圆柱形，平均单穗重580克，最大果粒重达1 200克。果粒圆形或短椭圆形，平均单粒重15克，最大果粒重达17克以上。果皮鲜红色，外观漂亮。果肉软，成熟期果实可溶性固形物含量达21%以上，含酸量低，香味比较特殊，浓郁，既有草莓香又有牛奶香，比'巨峰'葡萄味道更甜、香味更浓、硬度更大。成熟期在8月下旬至9月上旬，比'巨峰'晚1周左右。

种植中需注意：该品种有裂果现象，容易掉粒，不易着色，需要植物生长调节剂处理，对种植技术要求较高。

10.红地球 晚熟，欧亚种，二倍体。别名红提、大红球、全球红、晚红，由美国加州大学奥尔姆育成，亲本为'C12-80'×'S45-48'。我国各地均有栽培，是目前我国主栽晚熟葡萄品种，也是我国第二大葡萄栽培品种（图1-41）。

果穗圆锥形，平均单穗重800克。穗梗细长。果粒着生松紧适度，整齐均匀。果粒近圆形或卵圆形，红色或紫红色，平均单粒重12克。果粉中等厚。果皮薄、韧，与果肉较易分离。果肉硬脆，味甜，无香味，成熟期可溶性固形物含量达

图1-41 红地球

16.3%以上，鲜食品质上等。每个果粒含种子多为4粒。

嫩梢绿色，带浅紫红色条纹，有稀疏白色茸毛。幼叶微红色，上表面光滑，下表面有稀疏茸毛；成龄叶心形，中等大，较薄，上、下表面光滑无毛，叶片5裂，裂刻中等深。生长势较强。丰产。

栽培要点：喜肥水，适合在无霜期150天以上、降水少、气候干燥的地区种植。宜小棚架或高宽垂架栽培，以中、短梢修剪为主。抗寒力较差，果刷粗大，耐拉力极强，不易脱粒。易感染黑痘病、霜霉病等真菌性病害。

在河南郑州地区，该品种于4月初萌芽，5月上旬开花，8月底成熟，从萌芽到果实完全成熟需150天左右。

11.美人指 晚熟，欧亚种，别名红指、红脂、染指等。由日本植原葡萄研究所育成，亲本为'优尼坤'×'巴拉蒂'（图1-42）。

果穗圆锥形，平均单穗重600克。果粒着生疏松。果粒尖卵形，鲜红色或紫红色，平均单粒重12克。果粉中等厚。果皮薄且韧，无涩味。果肉硬脆，汁多，味甜，可溶性固形物含量为17%～19%，鲜食

图1-42 美人指

品质上等。每个果粒含种子多为3粒。浆果从萌芽至果实成熟需150天左右。

嫩梢梢尖闭合，黄绿色，无茸毛，有光泽；新梢背侧黄绿色，腹侧紫红色。幼叶黄绿色，上表面有光泽；成龄叶近圆形，大，叶片多为5裂，裂刻极深，上裂刻基部闭合裂缝形，下裂刻基部矢形或三角形。枝条红黄色。生长势极强。

栽培要点：适合干旱、半干旱地区种植。平棚架或高宽垂架式栽培均可，宜中长梢结合修剪。在南方栽培，需避雨栽培和精细管理。注意严格控制氮肥施用量。注意幼果期水分供应，防止日灼病。稍有裂果。抗病性弱，易感染白腐病和炭疽病。

12.意大利 晚熟，欧亚种，二倍体，原产意大利，原名Italia，也叫意大利麝香、意大利亚等，亲本为'比坎'×'玫瑰香'（图1-43）。

果穗圆锥形，平均单穗重850克。果粒着生疏松，椭圆形，黄绿色，平均单粒重8～10克，最大果粒重15克以上。果粉厚。果皮中等厚、脆。果肉脆，汁多，味酸甜，具有玫瑰香味，成熟期可溶性固形物含量达17%以上。品质上等。每个果粒含种子多为2粒。

13.天山 晚熟，欧亚种，二倍体。由日本选育，亲本为'白罗莎里奥'×'贝甲干'（图1-44）。

图1-43 意大利

图1-44 天山

果粒长椭圆形，黄绿色，巨大，单粒重25～30克，无核化膨大处理后果粒可达40克。果肉硬脆，皮薄，肉质爽口，成熟期果实可溶性固形物含量达18%以上，酸甜适中。

14.摩尔多瓦 晚熟，欧美杂种，二倍体。由摩尔多瓦共和国用'Guzali Kala'×'SV12375'杂交选育，1997年引入我国（图1-45）。

果穗圆锥形，平均单穗重385克，果粒着

图1-45 摩尔多瓦

生中等紧密。果粒短椭圆形，紫黑色或蓝黑色，着色一致，平均单粒重8~9克，最大单粒重13.5克。果皮蓝黑色，着色一致，美观。果粉厚。果肉柔软多汁，无香味，品质上等。可溶性固形物含量为16%以上，含酸量高，是鲜食和酿酒兼用品种。自然坐果好。高抗霜霉病、灰霉病，适合长廊、公园、庭院种植。

三、我国葡萄品种栽培现状

2 000多年前，汉代张骞出使西域，将葡萄传入我国，经过长期的精心栽培和选育，创造出许多适应我国自然气候条件的新品种。

我国地域辽阔，跨越寒温带、温带、亚热带、热带气候带，复杂的生态气候条件形成品种结构互不相同的品种栽培区。从栽培方式上看，我国葡萄栽培区大体可以分为埋土防寒区和非埋土防寒越冬区，其分界线大体以年绝对最低温–17℃线为界，即从山东的昌邑、寿光、济南，河南的范县、鹤壁，山西的晋城、垣生、临猗，陕西的大荔、淳化、宝鸡，直至甘肃的天水和四川的马尔康一线，此线以南地区葡萄一般都可安全越冬，此线以北地区需要埋土防寒（刘崇怀等，2014）。但是由于我国地理状况的复杂性，同一地区内存在不同的生态类型，有些地区常常因为冬季空气干燥，加上北风多，有时绝对最低气温并没有低于–17℃，但也有冻害发生。我国西北、华北和东北地区都属于埋土防寒栽培区。

按照国际葡萄与葡萄酒组织（OIV）数据，近年来世界葡萄种植面积基本稳定在740万公顷左右，2018年葡萄总产量为7 780万吨，其中酿酒葡萄占57%，鲜食葡萄占36%，制干葡萄占7%。而我国葡萄栽培以鲜食葡萄为主，约占总栽培面积的80%，酿酒葡萄约占15%，制干葡萄约占5%，制汁葡萄极少。

近40年来，我国葡萄产业取得了飞速发展，面积由1980年的47万亩增加到2018年的1 087.65万亩，增加了22倍，产量由11万吨增加到1 366万吨，增加了123倍。主栽葡萄品种也经历了4次较大的更新。自20世纪80年代开始，主栽葡萄品种从尼加拉（水晶葡萄）、白香蕉等抗病品种向品质更好的巨峰转变，到80年代末以巨峰为主的品种格局已经形成。90年代中后期，以美国引进的红地球品种为代表的欧亚种葡萄，由于良好的风味和耐储运能力受到消费者和种植户的青睐，到21世纪初红地球的种植面积超过150万亩。2003年，从日本引进的夏黑葡萄品种，由于早熟、有颜色、高糖含量等优点，成为种植户的首选品种，迅速成为我国葡萄的主栽品种。到2010年以后，从日本引进的葡萄品种阳光玫瑰因其独特的玫瑰香味、亮丽的外观及耐储运能力等优点，已经成为大江南北新种葡萄园面积最大的品种和更新换代的首选品种。目前，巨峰、红地球、夏黑和阳光玫瑰四大品种，占据我国葡萄栽培总面积的90%以上，巨峰和红地球葡萄种植面积占比快速下降，夏黑下降趋势也比较明显，阳光玫瑰仍处于面积和产量快速上升阶段（刘俊等，2020）。

第二章　葡萄生物学特性

一、葡萄器官及其功能特性

葡萄器官可以分为地上部和地下部两大部分，地上部包括主干、主蔓、结果枝组、结果枝、芽、叶、花、果穗、浆果和种子，地下部即根系。

（一）地上部

1.枝蔓　葡萄属藤本植物，其枝条通常叫枝蔓，包括主干、主蔓、侧蔓、结果母枝、新梢（包括结果枝和营养枝）、副梢、延长枝等，下面介绍一下不同部位枝蔓的定义（图2-1）。

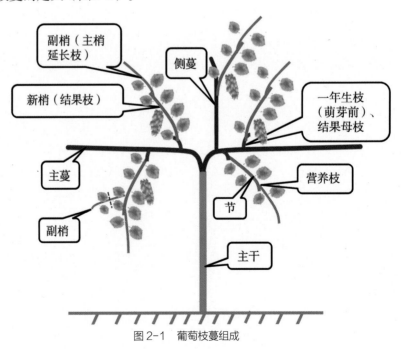

副梢（主梢延长枝）

侧蔓

新梢（结果枝）

一年生枝（萌芽前）、结果母枝

主蔓

营养枝

副梢

节

主干

图2-1　葡萄枝蔓组成

（1）主干。从植株基部（地面）至茎干上分枝处的树干，支撑树冠的中心。一条龙树形的主干即是主蔓。如果植株从地面发出的枝蔓多于1个，习惯上均称之为主蔓，栽培上则称为无主干多主蔓树形。

（2）主蔓。着生在主干上的一级分枝，着生结果母枝或新梢的枝。

（3）侧蔓。主蔓上的分枝。侧蔓上的分枝称副侧蔓。主蔓、侧蔓、副侧蔓组成植株的骨干枝（注："T"形树形没有侧蔓）。

（4）新梢。各级骨干枝、结果母枝、预备枝上的芽萌发抽生的新生蔓，在落叶前均称为新梢。带有花序的新梢为结果枝，不带花序的新梢为营养枝或预备枝。

（5）副梢。新梢叶腋处的夏芽或冬芽萌发长成的新梢。

（6）结果枝组。由结果枝、预备枝（营养枝）和结果型的预备枝（既结果又作预备枝）组成的一组枝条，是葡萄枝蔓的重要组成部分，也是获得产量的主要来源。

（7）一年生枝。新梢自当年秋季落叶后至第二年春季萌芽前称为一年生枝。

（8）结果母枝。成熟后的一年生枝叫结果母枝，其上的芽眼能在第二年春季抽生结果枝。结果母枝可着生在主蔓、各级侧蔓或多年生枝上。

（9）节。新梢上着生叶片的部位。节部稍膨大，节上着生芽和叶片，节内有横膈膜。葡萄的节有储藏养分和加强枝条牢固性的作用。两个节之间为节间，节间长短与品种和树势有关。节上叶片对面着生卷须或花序。

2.叶和芽

（1）叶片。葡萄叶片由叶柄和叶片组成，由3～5条主叶脉与叶柄相连，再由主脉、侧脉、支脉和网脉组成全叶脉网。叶片在枝梢上为单叶互生。叶片的形状变化较大，可分为心脏形、近圆形、肾形三类（图2-2）。成龄叶上表面的颜色分为黄绿色、灰绿色、绿色、深绿色和墨绿色（刘崇怀等，2006）。

（2）裂刻。裂片之间的缺口，裂刻有深有浅，成龄叶片一般有5个裂片，也有少数为3裂、7裂或全缘无裂片类型。

（3）叶柄洼。着生叶柄处的裂刻，叶柄洼的形状变化很大，有极开张、开张、半开张、轻度开张、闭合、轻度重叠、中度重叠、高度重叠和极度重叠。另外，成龄叶叶柄洼基部形状分为"U"形和"V"形（图2-3）。

| 心脏形 | 近圆形 | 肾形 |

图 2-2　成龄叶形状

"U"形　　　　　　　　　　　"V"形

图 2-3　叶柄洼基部形状

葡萄叶片边缘一般有锯齿，叶片正、反面有的着生有茸毛，有的无茸毛。裂片多少、裂刻深浅、叶柄洼的形状、锯齿大小、茸毛多少是识别和记载葡萄品种的重要标志和特征。

（4）芽。葡萄枝干上着生于叶腋和多年生枝蔓处的芽，是新枝的茎、叶、花的过渡性器官。葡萄的芽是混合芽，分为夏芽、冬芽和隐芽3种。

①夏芽。着生于叶腋，当年分化，当年萌发生长。夏芽小，无鳞片（又称裸芽）。主梢上抽出的夏芽副梢叫一次副梢，一次副梢上的夏芽又抽生二次副梢，依次为三次副梢。夏芽也可形成花芽，因此可利用夏芽副梢结二次果。

②冬芽。一般当年形成，第二年春天萌发。冬芽肥大，外被鳞片、茸毛保护，可以越冬。冬芽内含1个主芽和3～8个大小不等的预备芽（副芽）（图2-4）。

图2-4　葡萄夏芽副梢与冬芽

主芽在鳞片正中，预备芽在周围。冬芽的主芽较预备芽发达，春季主芽先萌发，当主芽受到损伤或树势过旺的时候，预备芽也可萌发。副芽的构造与主芽相同，只是发育时间较晚、程度较浅，一般有2～3个发育较好，有萌发的可能。

冬芽在当年一般不萌发，于第二年春季萌发，但在受到强刺激后（如重摘心、药剂处理等），也可在生长季节被迫抽枝（也称冬芽二次梢）开花结果，必要时可利用这种习性增加当年产量，延迟成熟期及采收期（图2-5）。

另外，冬芽在营养不充足的条件下形成芽原基，第二年只萌发新芽；在营

图2-5　葡萄冬芽当年萌发成枝

养充足的条件下形成芽原基和花原基，第二年形成新芽和花芽（图2-6）。

新芽

花芽

新芽

图2-6　葡萄冬芽第二年萌发形成新芽和花芽

③隐芽。在形成的第二年春天或连续几年不萌发的芽叫隐芽，隐芽寿命长，但是在受到刺激时可以萌发成梢，如重剪可刺激萌发。栽培管理中可利用隐芽更新枝蔓，复壮树势（图2-7）。

图2-7　葡萄多年生枝干上隐芽萌发

3.花器官和卷须

（1）葡萄花序。也叫花穗，葡萄花序属于复总状花序，呈圆锥状，由花序梗、花序轴、枝梗、花梗和花蕾组成，有的葡萄花序上还有副穗（图2-8）。花序的形成与营养条件有关，营养充分时花序发育完全，花蕾多；营养不足时，花序发育不完全，花序小，花蕾少（图2-9）。发育完全的花序有200到上千个花蕾，也与品种有关。

欧亚种葡萄的第1个花序通常着生在新梢的第4或第5节，1个新梢上通常着生2个花序，也有着生1个花序。美洲种葡萄的第1个花序通常着生在新梢的第3或第4节，1个新梢上通常着生3个或以上花序。欧美杂种葡萄的花序介于两者之间（图2-10）。

（2）葡萄花。由花柄、花托、花萼、花冠、雄蕊和雌蕊组成。花冠一般5～6片，连接在一起呈冠状。雄蕊5～7个，由花药和花丝组成，排列在雌蕊四

图 2-8 葡萄花序

图 2-9 葡萄花序发育不良,花蕾小且少

| 欧亚种葡萄花序着生
位置(第4、第5节) | 欧美杂种葡萄花序着
生位置(第4、第5节) | 美洲种葡萄花序着生位置
(第3、第4、第6节) |

图 2-10 葡萄花序着生位置

周。雌蕊1个,由子房、花柱和柱头组成。子房圆锥形,有2个心室,每个心室有2~3个胚珠,子房下部有5个圆形的蜜腺(图2-11)。葡萄花有雌能花、两性花和雄能花3种类型(图2-12)。雌能花也有雄蕊,但花丝比柱头短或向外弯曲,开花时花药不能到达柱头,必须用其他花粉授粉才能结实,如白玉、黑鸡心等。雄能花的花朵中仅有雄蕊而无雌蕊或雌蕊不完全,不能结实;此类花仅见于野生种,如山葡萄、刺葡萄、河岸葡萄。

葡萄开花时,花蕾上花冠呈片状裂开,由下向上卷起而脱落。大多数品

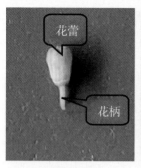
花蕾
花柄
花冠未分离

花冠
花冠顶起

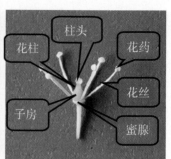
柱头
花柱
花药
花丝
子房
蜜腺
花冠脱落

图2-11　葡萄花器官

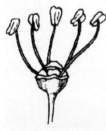

雄能花

两性花

雌能花

图2-12　葡萄花类型

种仍是在花冠脱落后才进行授粉受精。葡萄从萌芽到开花一般需要6周左右时间，开花的速度、时间早晚主要受温度的影响，一般在昼夜平均气温达到20℃时开始开花，在15℃以下时开花很少，气温过高或过低都不利于开花。

（3）卷须。与花序是同源器官，在花芽分化过程中，营养充足时卷须分化成花序，营养不足时分化呈卷须（图2-13）。生产上还会看到卷须状的花序（图2-14）。在栽培上，为了减少养分消耗和避免管理上的困难，常将卷须剪掉，有时也可以利用卷须引缚绑梢。卷须着生情况依葡萄种类而不同，欧亚种和欧美杂种常见的是每着生两节卷须后间隔一节不着生卷须，美洲种则为连续着生。

图2-13　葡萄卷须　　　　　　　图2-14　葡萄卷须状花序

4.果穗　葡萄开花、授粉、受精后，雌蕊的子房发育成果实，整个花序形成果穗。果穗由穗梗、穗梗节、副穗、穗轴和果粒组成，自然形状为圆柱形、圆锥形和分枝形（图2-15）。另外，根据果穗歧肩特点，将其分为无歧肩、单歧肩和双歧肩；根据果穗有无副穗，将其分为无副穗和有副穗（图2-16）。

圆柱形　　　　　　圆锥形　　　　　　分枝形

图2-15　葡萄果穗形状

| 无歧肩、无副穗 | 单歧肩 | 双歧肩 | 有副穗 |

图 2-16　葡萄果穗歧肩和副穗

5.果粒　属于浆果，由果梗、果蒂（果梗与果粒相连处的膨大部分）、果皮、果肉、果刷（中央维管束与果粒分离后的残留部分，果刷长的一般耐储运，果粒不易脱落）和种子组成（图2-17）。葡萄果粒形状有长圆形、长椭圆形、椭圆形、圆球形、扁圆形、鸡心形、钝卵圆形、倒卵形、弯形、束腰形（图2-18）等。果皮由10～15层细胞组

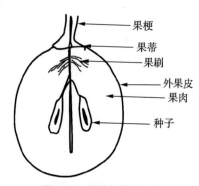

图 2-17　葡萄果粒的组成

成，含有多种色素、芳香物质及鞣酸等，果皮分为绿色、黄绿色、黄色、粉红色、红色、紫红色、紫黑色和黑色等（图2-19）。果皮外有一层果粉（图2-20），果粉能够阻止水分蒸发和减少病虫为害，果粉多少和果皮厚薄因品种而异。果肉由子房壁发育而成，是果实的主要部分。葡萄果粒的大小、形状、色泽、果皮厚薄、皮肉分离的难易、肉核分离的难易、肉质的软硬及风味品质，均是鉴别种和品种的重要依据。

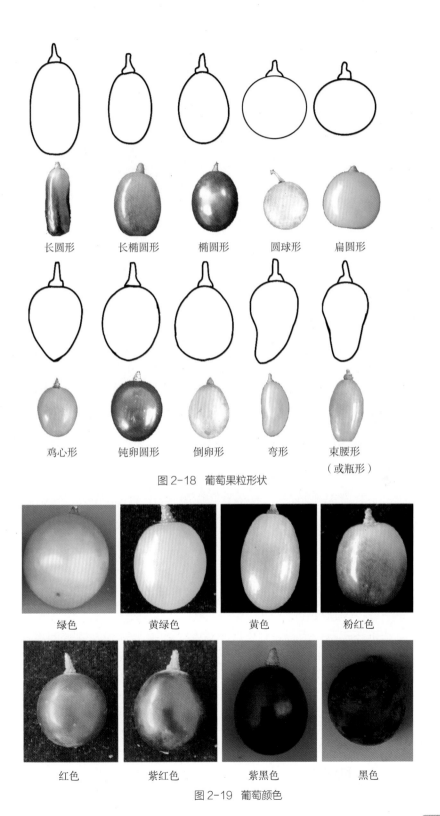

长圆形　　长椭圆形　　椭圆形　　圆球形　　扁圆形

鸡心形　　钝卵圆形　　倒卵形　　弯形　　束腰形
　　　　　　　　　　　　　　　　　　　　（或瓶形）

图 2-18　葡萄果粒形状

绿色　　　黄绿色　　　黄色　　　粉红色

红色　　　紫红色　　　紫黑色　　　黑色

图 2-19　葡萄颜色

图2-20 葡萄果粉（左半边擦掉）

6.种子 呈梨形（图2-21），由种皮、胚乳和胚组成，约占果实重量的10%。种皮厚而坚硬，上披蜡质，胚乳为白色，含有丰富的脂肪和蛋白质。葡萄的有核品种通常一个果粒会有1～4粒种子，个别有6粒（图2-22）。同一品

种脐

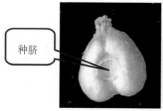

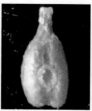

图2-21 葡萄种子形状

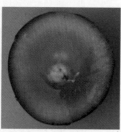

0粒种子　　　　　　　1粒种子　　　　　　　2粒种子

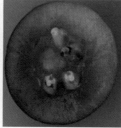

3粒种子　　　　　　　4粒种子　　　　　　　5粒种子

图2-22 葡萄种子数量

种中果粒大而发育正常的，其所含种子较多，反之则少。种子是产生生长素、赤霉素和细胞分裂素的重要器官，激素能够刺激果实发育并吸收养分向果实运输。无核品种因单性结实的作用或果实发育过程中种子败育而产生无核果实。无核果粒通常比有核果粒小，需要使用外源植物生长调节剂处理促进果粒膨大。

（二）地下部

1.**葡萄根系** 分两种：扦插繁殖的自生树，其根系由根干（即插条枝段）、侧根和幼根组成（图2-23）；种子播种的实生树，其根系由主根、侧根和幼根组成。

2.**根** 葡萄幼根呈乳白色（图2-24），逐渐变成褐色，最先段为根冠，接着是2～4毫米长的生长区和10～30毫米长的吸收区，再往后是逐渐木栓化的输导部分。吸收区的表皮细胞延伸成为根毛，根毛是吸收水分和无机盐类的主要器官。

图2-23 葡萄扦插根系

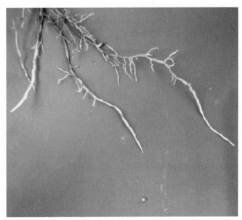

图2-24 葡萄幼根

葡萄的根属于肉质根，能储藏大量的有机和无机营养物质，还能合成多种氨基酸和激素类物质。葡萄是深根性果树，栽培的葡萄根系主要分布于地表以下20～50厘米范围内。

二、葡萄生长发育

1.**葡萄生育期** 葡萄是多年生落叶藤本植物，可以生长几十年或上百年（图2-25），葡萄的一生被每一个自然年分成若干个年生长周期（图2-26）。

图 2-25　百年葡萄树

2.年生长周期　葡萄每年的生命活动随着外界环境条件而变化，其相应的形态和生理机能也会发生规律性变化，这种变化称为葡萄的年生长周期，简称年周期。每一个年生长周期包括休眠期和生长发育期，生长发育期包括发芽、生长和落叶。

3.营养生长　葡萄的根、茎、叶等营养器官的建成、增长的量变过程。

4.生殖生长　当葡萄生长到一定时期以后，便开始分化形成花芽，以后开花、结果，形成种子，即葡萄的花、果实和种子等生殖器官的生长叫生殖生长。

葡萄苗木定植后经过一年的营养生长，第二年就可以进入结果期。如果生产管理不到位或者培养大树冠树形，则需要两年或更长时间的营养生长才能进入结果期。因此，定植后第一年的管理目标是培养长势中庸健壮的植株，形成树形。

葡萄的年生长周期按照Eichhorn和Lorenz在1977年的划分可分为22个时期（表2-1）。

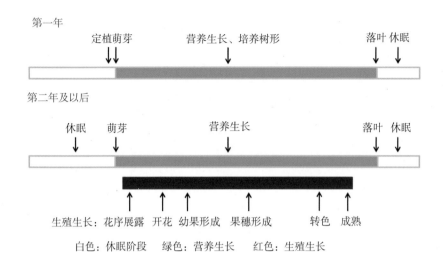

图 2-26 葡萄生育期

表2-1 葡萄年生长周期（Eichhorn和Lorenz）

编号和时期	状态描述
1.休眠期	冬芽的芽鳞为封闭状态
2.内部膨大期	冬芽在芽鳞内部膨大
3.绒球期	褐色茸毛清晰可见
4.芽期	绿色的芽清晰可见
5.叶出现期	叶片从芽内伸出、第一片叶开始展开
6.2～3叶期	有2～3片叶展开
7.5～6叶期	有5～6片叶展开，花序清晰可见
8.花序生长期	花序不断伸长和长大，但花蕾紧紧抱在一起
9.花序成熟期	花序已经基本长成，花与花之间相互分离
10.始花期	第一个花帽脱落
11.早花期	25%花帽脱落
12.盛花期	50%花帽脱落
13.晚花期	80%花帽脱落
14.坐果期	幼果开始膨大，花的残留物脱落
15.小幼果期	果穗开始成为悬挂状态
16.大幼果期	果粒豌豆大小，果穗呈悬挂状态
17.封穗期	果粒之间相互接触在一起

编号和时期	状态描述
18.转色期	果实开始失去绿色（有色品种开始上色，绿色和黄色品种果皮开始发亮）
19.成熟期	果实开始成熟至完全成熟可以采收
20.采收后	果实采收后到开始落叶
21.落叶期	开始落叶
22.落叶终止期	落叶结束

5.物候期　葡萄的年生长周期的每一个阶段都与季节性气候相关联，葡萄的年生长阶段与季节性气候相对应的时期称为物候期。葡萄的物候期与栽培管理、病虫害的发生与防治措施有直接的关系，通常我们把葡萄的物候期分为8个阶段，即伤流期、萌芽期、新梢生长期（包括新梢快速生长期、花序分离期）、开花坐果期、浆果生长期（包括浆果第一次快速膨大期、硬核期）、浆果成熟期（包括转色期、成熟期）、采收后至落叶期、落叶休眠期。

（1）伤流期。当早春土壤温度回升至6~9℃时，葡萄根系开始吸收水分，树液开始流动，此时可以看到从枝蔓的伤口处流出透明的树液，这种现象叫作伤流。伤流现象自春季葡萄根系开始活动、树液开始流动起至萌芽展叶时止，这段时期即是伤流期。伤流期持续时间的长短及流量的多少因地区、土壤温度、品种、树势而有差异。河南郑州地区露地栽培条件下葡萄伤流期在3月上旬或中旬至4月初。

葡萄伤流液中90%以上是水分，但其中也含有糖、氨基酸、酰胺等有机物、生长素、赤霉素、细胞分裂素等激素及钾、钙、磷等营养元素。少量伤流，对树势影响不大，伤流量过大就会削弱树势。葡萄的冬季修剪应在早春伤流期到来之前完成，以免大量伤流而消耗树体的水分和营养（图2-27）。

图2-27　葡萄伤流

（2）萌芽期。当春季气温上升至日均温度稳定在10℃左右时，葡萄的芽即开始萌发。芽萌发的过程首先是芽体膨大，然后进入绒球期（图2-28），随之鳞片裂开，接着是芽体开绽、露出绿色（图2-29）。芽的萌发除了取决于气温条件外，还与品种、树势、土壤有关。同一品种在南方萌芽时间要比在北方早。此时如果营养不足，则花序原始体只能发育成带卷须的小花穗，甚至会使已形成的花穗原始体在芽内萎缩。

图2-28 葡萄绒球期 　　　　　　　　　　图2-29 葡萄发芽期

（3）新梢生长期。萌芽后，随着气温的升高，幼嫩新梢出现并开始快速生长（图2-30）。正在生长的新梢顶端，交替产生叶原基和卷须原基，并伴随着叶片和节间伸长，不断产生新的叶片和节间，同时花序也进行分离（图2-31）。开花前后，由于花穗与新梢间对水分及营养物质的竞争，新梢的生长

图2-30 葡萄新梢快速生长期 　　　　　图2-31 葡萄花序分离期

速度开始减慢。葡萄新梢不形成顶芽，只要气温、水分条件适宜，可一直继续生长至秋末，一年中单枝生长量可达5~6米。葡萄新梢在生长过程中，多数节位的夏芽会自然萌发抽生副梢。

（4）开花坐果期。葡萄萌芽以后，经过40天左右时间，日平均温度达到18~20℃时，进入开花期。葡萄花期的长短，因品种及气候的变化而变化，一般为6~10天。

①葡萄开花。花冠基部由下向上呈帽状5~6裂脱落，露出雄蕊和雌蕊，之后花药裂开，散出花粉，借风力和昆虫传播授粉（图2-32）。在同一个结果枝上，基部的花序先开放，依次向上开。每个花序开花需要5~7天，同一个花序中部先开，接着是基部分枝，顶端最后开，每天早晨以7~10时开花最多。相同栽培模式下的一个葡萄品种花期一般为7~12天，在低温和阴雨天气，花期延长。气温在15.5℃以下时葡萄花序极少开花，18~21℃时开花量迅速增加，35℃以上时开花又受到抑制。

图2-32 葡萄开花过程

柱头受精能力一般可保持3~5天。葡萄花授粉受精后，子房膨大发育成幼果，称为坐果（图2-33）。

初花期　　　　　　　盛花期　　　　　　　末花期　　　　　　　坐果期

图2-33 葡萄从开花到坐果过程

②葡萄受精。首先雌蕊柱头先分泌黏液，然后花粉黏在柱头上，在气温合适的条件下，花粉沿着柱头穿过子房隔膜进入胚囊中的胚珠，与卵细胞结合，完成受精（图2-34）。受精后的胚珠形成种子。有的葡萄品种单性结实能力较强，卵细胞不经过受精，子房自然膨大结出果粒较小的浆果；还有的品种胚珠发育不完全，子

图2-34 葡萄柱头分泌黏液

房授粉后未能与卵细胞结合受精，浆果中只有退化的软而小的种子，成为无核葡萄。

（5）浆果生长期。从子房开始膨大到浆果开始软化为止为浆果生长期（图2-35）。受精后，由于种子的发育促进浆果的生长。初期子房壁迅速膨大，以后胚开始迅速发育，而浆果生长减缓。当幼果长至3~4毫米时出现1次落果的高峰；当浆果达到5毫米以上时，浆果不再脱落。绿色的幼果含有叶绿素，可进行光合作用制造有机养分。

随着果实的增长，新梢的加长生长不断减弱，枝条不断增粗，叶腋中形成冬芽，并分化出花序原基。

果实第一次快速膨大期

硬核期

图2-35 浆果生长期

（6）浆果成熟期。浆果变软至完全成熟为葡萄浆果成熟期（图2-36、图2-37）。浆果成熟的标志是浆果中的叶绿素大量分解，绿色品种的葡萄果粒由绿变浅，变黄，具有弹性；红色品种开始着色，果肉变软。此时，果实的含糖量上升，酸及单宁含量下降，最后浆果表现出该品种应有的色泽和风味，种子的种皮呈褐色，表示浆果已经完全成熟。在河南产区，露地栽培条件下，葡萄成熟期在7月中旬至9月下旬。

转色期　　　　　　　　　　　　　成熟期

图2-36　夏黑葡萄从转色期到成熟期

软化期　　　　　　　　　　　　　成熟期

图2-37　阳光玫瑰葡萄从软化期到成熟期

在浆果成熟期，新梢生长缓慢，枝条成熟加快，花芽继续分化，枝条和根部开始积累养分。新梢成熟的外部标志是枝梢木质化，皮色由绿色转变为黄褐色。未成熟的枝梢木质化程度低，外表呈绿色或黄绿色。枝梢成熟情况与抗寒能力及第二年产量有密切关系。枝梢越成熟，其抗寒能力越强。反之，抗寒能力越弱。

（7）采收后至落叶期。此时期葡萄叶片仍在进行光合作用，其产物转运到枝蔓、根内积累，植株体内淀粉含量增加，水分减少，细胞液浓度提高，新梢由下而上逐渐变色老化（图2-38）。

图2-38　采收后至落叶期

（8）落叶休眠期。从落叶至第二年春季伤流开始出现为落叶休眠期（图2-39、图2-40）。

葡萄正常的生理落叶是秋后的低温引起的，在日平均温度下降至12℃以下、日照短于12个小时的情况下，葡萄叶片的叶绿素分解，颜色由绿变黄、变红，并停止光合作用，叶柄产生离层而脱落，此时葡萄植株进入休眠期。自新梢落叶开始，葡萄植株即进入抗寒锻炼阶段。在此阶段中，葡萄植株内发生一系列生理生化反应，主要是枝条中积累的淀粉转化为糖，游离水减少而结合水增加，细胞的果胶物质也增加，从而使植株具有更高的抗寒能力。

图2-39　落叶期　　　　　　　　　　　　　　　　　　图2-40　休眠期

6. 根系生长　根系生长取决于土壤温度（15～25℃）、土壤湿度（60%～80%）和养分状况。在一年中，一般根系生长有2个高峰，即初夏至盛夏前期，夏末至秋季，也可以有3个或更多的生长高峰，主要取决于适宜的环境条件。随着秋季温度下降，根系停止生长，粗根末端木栓化，在营养充分条件下成熟。细小的吸收根不木栓化，绝大多数在冬季死亡，极少数能越冬存活。

根系的生长特性：在环境适合时，葡萄的根可周年生长，但由于气候条件的限制，当土壤温度低于10℃或超过28℃时即停止生长。春季气温上升，当土壤温度在8～10℃时开始活动，其生长最适宜的土壤温度为21～24℃。

根系对水分和养分的吸收是通过根尖，春天恢复活力的根或刚形成的新根都能完成对水分和养分的吸收。

7. 花芽分化　指芽生长点的分生细胞在发育过程中，由于营养物质的积累和转化及成花激素的作用，在一定外界条件下发生转化，形成花和花序原基的过程叫作花芽分化。葡萄的花芽有冬芽和夏芽。

（1）冬芽的花芽分化。从主梢开花期前后开始到第二年开花前停止，一般冬芽在第一年开花前至花期形成花原基，之后的幼果生长期是花原基向花序原基转化的时期，此时的温度、光照、营养、生长调节剂等因素都对花序的形成有影响。落叶前的营养储藏和积累决定了第二年的花序发育和形成。第二年萌芽后随着新梢的生长，花序发育，各级花序轴分支伸长加粗。同时，花序最先端的花原基分化成花萼、雄蕊和雌蕊（花序展露期形成），之后，随着花序的生长，继续形成花粉和胚囊等花器官。

（2）夏芽的花芽分化。夏芽具有早熟性，在芽眼萌发后10天内在具有3个叶原基体时就开始有花序分化，一般花序较小，出现在当年新梢第4~7节上。夏芽的花芽分化时间较短，有无花序与品种和农业栽培措施有关（图2-41）。

图2-41 夏芽副梢结果（未套袋果实）

三、葡萄生长发育与外界环境条件的关系

外界环境条件包括气候（光照、温度、水分等）和土壤等条件，而气候因素对葡萄的生长发育、开花结果起着决定性作用，其次是土壤条件。它们不但决定了葡萄能否在一个地区正常生长与结实，而且还决定了葡萄浆果的产量和品质风味。

1.光照 葡萄是喜光植物，对光照非常敏感。光照不足会造成葡萄节间细而长、花序瘦弱、花蕾瘦小、花器官分化不良、落花及落果严重、冬芽分化不好、不能形成花芽和叶片黄化而薄等一系列不良后果。

光照与地势密切相关，山坡地比平原光照好，向阳山坡较阴坡光照好，平原较山谷地光照好。光照的反射可以提高葡萄植株的光照与温度，在白色房屋附近构成的反射光较强，气温也高，因此要比大田葡萄植株的物候期早。

2.温度 充分成熟的新梢，在冬季休眠时可忍受短时间-20℃的低温。因此，在南方栽培葡萄时很少遇到低温为害，枝蔓不必埋土防寒。另外，昼夜温差小，不利于营养物质的积累，这是因为夜间温度高，促使葡萄植株进行强烈的呼吸作用，将白天进行光合作用所积累的养分大部分消耗，致使浆果的糖度不能提高。这是江南地区葡萄品质不如北方的主要原因之一。

葡萄生长的最适温度为25℃，当温度高于30℃时，光合作用则迅速下降。

35~40℃时造成热害，易引起花序干枯脱落。在高温和强光下，叶绿素被破坏，叶片变黄，甚至坏死，浆果变成棕红色并皱缩干枯。

3.水分 土壤或空气中的水分不足或过多，对葡萄的生长发育都是不利的。土壤水分过少，会引起大量的落花落果及小果粒，甚至使植株凋萎死亡。在浆果成熟时，土壤水分过多，会降低浆果的品质和运输储藏能力。

地下水位直接影响土壤的湿度、根系分布和吸水功能。一般栽培葡萄地区的地下水位以2米以下为宜。地下水位在0.8~1.0米的情况下，葡萄生长好，产量高，但品质表现不稳定。地下水位在0.5~0.7米时，常会引起根系的窒息或死亡。如果要在高地下水位地区栽培葡萄，必须设法降低地下水位，采用深沟高畦，改善排水条件。

葡萄种群之间对降水量的要求亦不同。欧洲种葡萄喜干燥少雨气候，美洲种和欧美杂种葡萄在夏湿地带生长良好。这是因为欧洲种的原产地在地中海沿岸，降水量仅200毫米，为夏干地带，故发展欧洲种葡萄的地区要求降水量少；美洲种葡萄原产美国东南部，属夏湿地带，适宜在降水量较多的地区栽培。因此，降水量的多少也是影响葡萄生长的主要因素之一。

4.土壤 葡萄对土壤的适应性强，除了较黏重的土壤、沼泽地和重盐碱土不适宜葡萄的生长发育外，其余如沙土、沙壤土、壤土、轻黏土，甚至含有大量沙砾的壤土或半风化的成土母质均可栽植，但要逐步改良，才能丰产。

栽培葡萄最理想的土壤是土质肥沃、疏松的沙壤土，因此在这类土壤上栽培葡萄可获得丰产和优质的葡萄。

黏土的特点是土质黏，土块坚硬，如有机质含量少，则会发生土壤板结现象，根系扎不深，土性冷，萌芽迟，浆果成熟晚，着色差。

葡萄对土壤酸碱度的适应范围广，在 pH 值为5.5~8.3时均能生长，但在pH值为6.5~7.5的土壤中生长最好，可以通过酸性土壤掺石灰、碱性土壤掺石膏的方法进行改良。

5.大气污染 葡萄对二氧化硫、硫化氢、氟化氢、氯气等气体非常敏感，其中，氟化氢的毒性比二氧化硫高1 000倍，对葡萄的为害很大。

四、植物生长调节剂

植物生长调节剂是从生物中提取的天然植物激素和仿天然人工合成的化合物的总称，能通过调控植物开花、休眠、生长、萌发等过程中植物内源激素的表达水平，促使作物生长发育进程向着预期目标或方向发展，起到提质增效的作用。植物生长调节剂在葡萄生产中应用较为广泛，如促根、控旺、保花保果、无核化、着色、调控成熟期、打破或延长休眠、提高抗逆性等。目前，在葡萄生产中应用较多的植物生产调节剂有赤霉素（GAs）、脱落酸（ABA）、乙烯利（ETH）、单氰胺（HC）和细胞分裂素（CTK）［包括氯吡脲（CPPU）和噻苯隆（TDZ）等］等5类（刘巧等，2019），其中花果管理上常用的植物生长调节剂有赤霉素、氯吡脲和噻苯隆，三者对葡萄花果的影响如下：

1.**赤霉素** 无核化、花序拉长效果显著，坐果性、膨大效果一般，副作用较小。经赤霉素处理后，仍存在部分落粒现象。

2.**氯吡脲（吡效隆）** 坐果、膨大效果显著，经其处理的果粒基本都会坐稳，但副作用较大，主要表现为果皮涩味加重、果柄增粗等。优质化栽培坐果处理时，使用有效浓度建议控制在百万分之五以内，以促进坐果为主要目标。

3.**噻苯隆** 坐果、膨大效果显著，经其处理后的果实偏圆形，果粒基本都会坐稳，但副作用较大，果实成熟期推迟。当使用浓度偏高或树势较旺时，果实颜色偏红。以追求优质为主要目标时，使用的有效浓度应控制在百万分之三以内，以坐稳果为主要目标，不追求膨大效果。

植物生长调节剂在应用中存在的问题：

1.**药剂选择不当** 植物生长调节剂种类多，结构和商品名繁杂，其理化性质、作用机理及用途各不相同。目前，新型职业农民培育工程尚处于起步阶段，职业农民文化知识结构和专业技能综合水平均较低，无法正确地认知和选择适当的植物生长调节剂。加之，不同厂家生产的植物生长调节剂的有效活性成分和质量水平参差不齐，加大了种植户选择的难度和风险。植物生长调节剂的效果受气候、温度、立地条件、水肥管理及综合管理水平等因素的影响，无法形成固定的方案和成熟的模式，致使经营植物生长调节剂的经销商数量有限，也在一定程度上加大了种植户选择的难度。

2.使用时期不当 葡萄植株不同生长进程中，不同时期对植物生长调节剂敏感程度不同。以葡萄无核化、保果和膨大为例，GA_3（赤霉素）处理效果与处理时间密切相关，自花前14天至花后14天，随着时间的推延，无核化和保果作用效果递减，膨果作用效果显著递增。不同品种、栽培方式和管理水平的葡萄在使用时期均存在一定差异。

3.使用浓度不当 植物生长调节剂属于激素类物质，使用浓度要求比较严格，浓度过小，达不到预期效果，随意加大浓度，增加使用次数，容易造成药害。研究表明，一定浓度范围的乙烯利、脱落酸和茉莉酸可以提高巨玫瑰葡萄果实的可溶性固形物含量，而超过浓度范围的使用后会降低可溶性固形物含量。另外，乙烯利微量时具有良好的生理调节功能，个别地区果农擅自扩大使用范围、浓度和次数，造成果实品质下降，植株落叶、早衰、裂果、脱落等不良反应。植物生长调节剂的使用浓度与温度、品种、树势和施用方法等密切相关，须因地制宜。

4.使用方法不当 植物生长调节剂的使用方法也是至关重要的。大部分生长调节剂在高温、强光下易挥发、分解，在生产中要灵活掌握，适时调整。在用GA_3、CPPU（氯吡脲）等处理葡萄花序、果穗时，要根据花穗的发育程度，进行分批分时段处理，每次处理后及时进行标记，避免重复处理；选择浸蘸的处理方式，避免喷施不到位、不均匀产生的大小粒和畸形果出现。

5.果品药剂残留问题 随着对植物生长调节剂理化性质和作用机理研究的深入，植物生长调节剂在葡萄生产中的应用越来越广泛，其生产量和使用量逐年增加。目前我国在水果上登记的植物生长调节剂有21种（程万强，2014），在葡萄上登记的植物生长调节剂单剂和复配制剂主要是赤霉素、氯吡脲、噻苯隆、单氰胺、丙酰芸苔素内酯、S-诱抗素和赤霉酸·氯吡脲。每种登记的调节剂，都有配套的安全使用技术，包括使用时期、剂量、方法、范围、安全间隔期和注意事项等，都明确标注于产品标签上，应按照说明规范使用，确保果品农药残留量不超过国家相关规定（表2-2）。

表2-2 主要植物生长调节剂的用途

用途	植物生长调节剂名称
延长储藏器官休眠	青鲜素、萘乙酸钠盐、萘乙酸甲酯
打破休眠，促进萌发	赤霉素、激动素、硫脲、氯乙醇、过氧化氢
促进茎叶生长	赤霉素、6-苄基氨基嘌呤、油菜素内酯、三十烷醇
促进生根	吲哚丁酸、萘乙酸、2,4-D、比久、多效唑、乙烯利、6-苄基氨基嘌呤
抑制茎叶芽的生长	多效唑、优康唑、矮壮素、比久、皮克斯、三碘苯甲酸、青鲜素、粉锈宁
促进花芽形成	乙烯利、比久、6-苄基氨基嘌呤、萘乙酸、2,4-D、矮壮素
抑制花芽形成	赤霉素、调节磷
疏花疏果	萘乙酸、甲萘威、乙烯利、赤霉素、吲熟酯、6-苄基氨基嘌呤
保花保果	2,4-D、萘乙酸、防落素、赤霉素、矮壮素、比久、6-苄基氨基嘌呤
延长花期	多效唑、矮壮素、乙烯利、比久
诱导产生雌花	乙烯利、萘乙酸、吲哚丁酸、矮壮素
诱导产生雄花	赤霉素
切花保鲜	氨氧乙基乙烯基甘氨酸、氨氧乙酸、硝酸银、硫代硫酸银
形成无籽果实	赤霉素、2,4-D、防落素、萘乙酸、6-苄基氨基嘌呤
促进果实成熟	乙烯利、比久
延缓果实成熟	2,4-D、赤霉素、比久、激动素、萘乙酸、6-苄基氨基嘌呤
延缓衰老	6-苄基氨基嘌呤、赤霉素、2,4-D、激动素
提高氨基酸含量	多效唑、防落素、吲熟酯
提高蛋白质含量	防落素、西玛津、莠去津、萘乙酸
提高含糖量	增甘磷、调节磷、皮克斯
促进果实着色	比久、吲熟酯、多效唑
增加脂肪含量	萘乙酸、青鲜素、整形素
提高抗逆性	脱落酸、多效唑、比久、矮壮素

　　河南省位于中国中东部、黄河中下游，全省介于北纬31°23′～36°22′、东经110°21′～116°39′，属暖温带至亚热带、湿润至半湿润季风气候。全省气候特点是春季干燥大风多、夏季炎热雨丰沛、秋季晴和日照足、冬季寒冷雨雪少。全省年平均气温一般稳定在12～16℃，1月份稳定在-3～3℃，7月份稳定在24～29℃，全省气温大体呈现东高西低、南高北低的特点，山地与平原间差异比较明显，气温年较差、日较差均较大，极端最低气温-21.7℃（1951年1月12日，安阳）；极端最高气温44.2℃（1966年6月20日，洛阳）。全年无霜期从北往南为180～240天。年平均降水量为500～900毫米，南部及西部山区降水较多，大别山区可达1 100毫米以上。全省全年降水量约50%集中在夏季。

　　根据河南省的气候特点和河南省葡萄产业的发展状况，现将河南省不同月份葡萄管理技术总结如下，其他省份可以参考。

一、一年生葡萄管理

　　新建果园一般要在定植前一年秋季至土壤封冻前完成园地选择、园区规划和土壤准备等工作。具体做法如下：

（一）9～12月建园前准备

　　1.园地选择　葡萄园的选址应考虑产地环境、土壤、气候、生产目的、栽培模式、前茬作物等因素（王海波等，2017）。

　　（1）产地环境。绿色葡萄的园地选择应符合绿色食品—产地环境技术条件NY/T 391—2013的要求（表3-1、表3-2）。

表3-1　绿色食品—产地空气质量要求

项目	指标		检测方法
	日平均[a]	1小时[b]	
总悬浮颗粒物，毫克/米³	≤0.30	—	GB/T 15432
二氧化硫，毫克/米³	≤0.15	≤0.50	HJ 482
二氧化氮，毫克/米³	≤0.08	≤0.20	HJ 479
氟化物，微克/米³	≤7.0	≤20	HJ 480

日平均[a]：指任何一日的平均指标；

1小时[b]：指任何一小时的指标。

表3-2　绿色食品—灌溉水质要求

项目	指标	检测方法
pH	5.5 ~ 8.5	GB/T 6920
总汞，毫克/升	≤0.001	HJ 597
总镉，毫克/升	≤0.005	GB/T 7475
总砷，毫克/升	≤0.05	GB/T 7485
总铅，毫克/升	≤0.1	GB/T 7475
六价铬，毫克/升	≤0.1	GB/T 7467
氟化物，毫克/升	≤2.0	GB/T 7484
化学需氧量，毫克/升	≤60	GB 11914
石油类，毫克/升	≤1.0	HJ 637

（2）土壤。葡萄对土壤的适应性较强，但在中性、透气性良好的沙壤土中生长更好。对于盐碱土、过酸、过碱土、重黏土等土壤，建议进行土壤改良后再种植。另外，若使用嫁接苗，要考虑砧木的适应性，如贝达砧不适宜在碱性偏黏的土壤中生长。绿色葡萄的土壤质量和肥力应符合绿色食品—产地环境技术条件NY/T 391—2013的要求（表3-3、表3-4）。

表3-3 绿色食品—土壤质量要求

项目	果园			检测方法
	pH<6.5	6.5≤pH≤7.5	pH>7.5	NY/T 1377
总镉，毫克/千克	≤0.30	≤0.30	≤0.40	GB/T 17141
总汞，毫克/千克	≤0.25	≤0.30	≤0.35	GB/T 22105.1
总砷，毫克/千克	≤25	≤20	≤20	GB/T 22105.2
总铅，毫克/千克	≤50	≤50	≤50	GB/T 17141
总铬，毫克/千克	≤120	≤120	≤120	HJ 491
总铜，毫克/千克	≤100	≤120	≤120	GB/T 17138

表3-4 绿色食品—土壤肥力分级指标

项目	级别	园地	检测方法
有机质，克/千克	I	>20	NY/T 1121.6
	II	15~20	
	III	<15	
全氮，克/千克	I	>1.0	NY/T 53
	II	0.8~1.0	
	III	<0.8	
有效磷，毫克/千克	I	>10	LY/T 1233
	II	5~10	
	III	<5	
速效钾，毫克/千克	I	>100	LY/T 1236
	II	50~100	
	III	<50	
阳离子交换量，cmol（+）/千克	I	>20	LY/T 1243
	II	15~20	
	III	<15	

（3）气候条件与栽培模式。根据当地的年均降水量、极端低温、极端高温、最低温月份的平均温度、最高温月份的平均温度和一年内大于10℃的积温等因素决定采取不同的栽培模式。葡萄露地栽培区的活动积温（大于10℃）应大于3 000℃。另外，年降水量800毫米以上的地区建议采用避雨栽培模式。

（4）生产目的。即果品用途，若用于采摘，应建在城市近郊，方便周末和节假日观光采摘；若用于批发，可以选择靠近批发市场或者方便找劳动力的地方。

（5）前茬作物。调查前茬作物是否与葡萄有重茬或者忌避。如果前期种植葡萄等果树，容易产生重茬障碍或者毒害，最好先进行土壤消毒和改良。如果前期种植甘薯、花生、番茄、黄瓜等容易感染根结线虫的作物，也应该进行土壤消毒和改良。

2.园区规划　葡萄园区规划首先要对园区的地形、地势、土壤肥力及水利条件等基本情况做全面调查，再进行电、水源位置、田间区划、道路系统、排灌水系统、防风林、配套设施、葡萄株行距的规划（图3-1）。

图 3-1　河南省农业科学院园艺研究所葡萄试验基地鸟瞰图

（1）电、水源位置。生产过程中，灌水、喷药离不开电源，因此，电源建设应满足生产需要。水源包括河水和井水，其水质应符合环境标准。规划区水源地应尽量设在地势偏高作业区的中心，以便于拉电提水，节省费用。

（2）田间区划。根据地块形状、现有道路及水利设施等条件对作业区面积的大小、道路、排灌水系统、防风林进行统筹安排。作业区面积大小要因地制宜，平地可以选择3 335～10 005平方米（5～15亩）为1个小区，4～6个小区为1个大区，小区以长方形为宜，长边与葡萄行向垂直，以便于田间作业，每行长度以35～50米为宜，过长不利于管理和通风。山地可以选择3 335～6 670平方米（5～10亩）为1个小区，以坡面等高线为界，决定大区的面积，小区的边长与等高线平行，有利于灌、排水和机械作业。

（3）道路系统。葡萄园规划要求田间道路完备且布局合理，便于作业和运输。道路在利用现有道路的基础上进行规划。

根据果园总面积的大小和地形、地势决定道路等级。在百公顷以上的大型葡萄园，由主道、支道和田间作业道三级组成。主道设在葡萄园的中心，与园外公路相连接，贯穿园区内各大区和主要管理场所，并与各支道相通，组成交通运输网（图3-2）。主道路宽度主要考虑方便果品车辆运输，一般宽度为6～8米。山地的主道可环山呈"之"形建筑，上升的坡度以小于7°为宜。支道设在小区的边界，一般与主道垂直连接，宽度为4～5米，以方便机械在行间转弯作业（图3-3）。田间作业道是临时性道路，多设在葡萄定植行间的空地，一般与支道路垂直连接，宽度为3～4米，便于小型拖拉机作业和运输物资行走。

图3-2 葡萄园区主道路（葡萄长廊）　　　　　图3-3 葡萄园区支道路

（4）排、灌水系统。排灌系统一般由主管道、支管道和田间管道三级组成。各级管道多与道路系统相结合，一般在道路的一侧为灌水管道，另一侧为排水管道。主灌水管道与水源连接，主排水管道要与园外总排水管道连接，各自有高度差，做到灌、排水通畅。有条件的地区，也可设滴灌和暗排，以节省水电，效果更佳。条件差的园区，可以将管道设成渠道，同样起到灌、排水的目的，但效果比管道差（图3-4、图3-5）。

图 3-4 灌溉系统

图 3-5 排水系统（暗排）

（5）防风林。防风林也叫防护林，主要作用有：①防风，减少季风、台风的为害。②阻止冷空气，减少霜冻的为害。③调节小气候，减少土壤水分蒸发，增加大气湿度。④增加葡萄园多样性，增加有益生物的同时减少有害生物的侵染。因此，在绿色果品特别是有机栽培的葡萄园，要求至少有5%以上的园区面积是天然林或种植其他树木。

防风林最好与道路结合，主林带要与当地主风向垂直，防风林带的防风距离为林带高度的20倍左右，一般乔木树高为8~10米，所以，主林带之间距离多为400~500米，副林带间的距离为200~400米。林带树种以乔、灌混栽组成透风型的防风林，防风效果较好。主林带栽5~7行，约10米宽；副林带为3~4行，约6米宽。防风林常用的乔木树种有杨树、榆树、旱柳、泡桐、松柏等，灌木树种有紫穗槐、荆条、花椒树等。应注意避免种植易招引葡萄共同害虫的树木，如在斑衣蜡蝉发生严重的地区，需要刨除斑衣蜡蝉的原寄主臭椿，也避免种植易招引斑衣蜡蝉的香椿、刺槐、苦楝等。

（6）葡萄栽培模式的选择。目前葡萄生产以露地栽培为主，然而生产中容易受到复杂气候因子的影响，如寒害、雨水过多、干旱、风害、冰雹、病、虫、鸟害及采收期集中、品质差等突出问题，严重影响葡萄生产。葡萄设施栽培是指在不适宜葡萄生长发育的季节或地区，利用温室、塑料大棚和避雨棚等保护设施，人工调节、改善或控制设施内的环境因子（如光照、温度、湿度、二氧化碳浓度等），为葡萄的生长发育提供适宜的环境条件，进而达到葡萄生产目标的一类栽培模式。常见葡萄设施栽培类型有避雨栽培，塑料大棚栽培，日光温室栽培，防雹、防沙尘、防鸟害栽培设施。

①避雨栽培。避雨栽培主要是在我国南方及北方年降水量较大的地区使用。因在葡萄生长期降水量过多，容易引起病害发生，致使葡萄品质下降。为防止雨水直接落于葡萄枝叶与果实上，在葡萄藤架上搭建与行向一致的伞形塑料拱棚，单栋或连栋式，另外，在地面上起高垄，并铺设地膜以防止根部过多吸水，减少雨水的影响，行间设置排水沟，使多雨湿润地区的葡萄生产取得很好的效果。

②塑料大棚栽培。塑料大棚以钢（管）材、水泥桩或竹木为主骨架，拱形，南北走向，上覆塑料薄膜。一般单栋大棚较多，每棚长度50米左右，跨度6～10米。近年来，由于钢材广泛应用，连栋式大棚得到广泛应用。塑料大棚光照条件好，靠薄膜保温，但保温效果不及日光温室，适合葡萄促早或延后栽培。这种大棚对南方避雨效果较好，近年来广泛用于葡萄的避雨栽培。

单栋式塑料大棚造价低，建造方便，光照条件好，适合普通农户小规模应用。连栋式塑料大棚相对建造成本高，生产技术要求较高，面积大，适合企业化生产。沿海地区或山口地区由于常常有大风，宜推广连栋式钢骨架塑料大棚栽培葡萄。

③日光温室栽培。日光温室东西走向，北、东、西三面墙均为砖墙或加厚土墙，墙体内可设夹心保温层；南向为受光面，用塑料薄膜覆盖，阳光充足，上覆保温草帘或保温被，保温效果好。传统日光温室无辅助加温设备。改良式日光温室配备有热风加热或暖气（水暖）加热，或是在土层下铺设加热管道，给土壤加温。

日光温室的透光性能好，保温与增温性能优良，造价偏高，适合葡萄提前或延后栽培。有辅助加热的改良式日光温室可以从事葡萄周年生产。日光温室单栋面积适中，一般长度50米，跨度6～12米，适合规模化连片建造运营，也适合我国目前各农户相对土地面积小的特点，每户1～5栋形式经营。

④防雹、防沙尘、防鸟害栽培。冰雹在我国北方是一种常见的自然灾害，多发生在葡萄生长发育期，严重时使葡萄果、叶、新梢全部被打落，主

蔓遍体鳞伤，造成巨大损失。设立防雹网可有效防止冰雹的伤害。一般是在支架上铺设网眼为0.75厘米的尼龙网，既轻又方便架设，防雹效果良好。防雹网也可起防沙尘、飞鸟、鼠、野兔为害等作用。

（7）葡萄园的株行距选择。葡萄的行向与地形、地势、光照和架式等有密切关系。一般地势较平坦的葡萄园，多采用高宽垂架、单干双臂水平"V"形架（高宽平架）、棚架等南北行向。山地葡萄园的行向，应与坡地的等高线方向一致，顺势设架，以便于田间作业，葡萄枝蔓由坡下向上爬，光照好。葡萄种植株行距与树形、品种有关。一般高宽垂架、高宽平架的株行距为（2.0~4.0）米×3.0米，南北行向，每亩56~111株，长势较旺的葡萄品种株距可以适当增大，长势较弱的品种株距可以减小，为了保证葡萄尽早进入结果期，葡萄种植密度可以先密后稀（即前期株距小，后期通过间伐扩大株距）。"T"形棚架葡萄的适宜株行距为（2.6~3.0）米×（6.0~8.0）米，南北行向，每亩28~43株；"H"形棚架（行向与架面平行）葡萄的适宜株行距为（3.0~6.0）米×（5.0~6.0）米，南北行向，每亩19~45株；单栋大棚"厂"形棚架葡萄的适宜株距为2.6~3.0米，行距根据棚宽来定，一般为6.0米或8.0米，南北行向，每亩28~43株；日光温室"厂"形棚架葡萄的适宜株距为2.6~3.0米，行距根据棚宽来定，东西行向（图3-6~图3-11）。

（8）配套设施。根据需求葡萄园可以设置办公室、农资库、农机库、作业室、冷库、水泵房、职工宿舍等（图3-12~图3-14）。

图 3-6 高宽垂架
（南北行向，架面与行向平行）

图 3-7 高宽平架
（南北行向，架面与行向平行）

图 3-8 "T"形棚架
（南北行向，架面与行向垂直）

图 3-9 "H"形棚架
（南北行向，架面与行向平行）

图 3-10 "厂"形棚架
（单栋大棚模式，南北行向）

图 3-11 "厂"形棚架
（日光温室模式，东西行向）

图 3-12 农资库

图 3-13 冷库

图3-14 水泵房

3.土壤准备 葡萄对土壤适应性较广，黏土、壤土、沙土均可以种植。一般选择排灌方便、地势相对高燥、土壤pH 6.5～7.5的地块。对于土壤黏重、贫瘠、过酸、过碱的园土，需要经过土壤改良，基本达到葡萄生长要求才可建园。

（1）清除植被和平整土地。在未开垦的土地上，常长有树木、杂草等植被，建园前应连根清除。如在已栽过葡萄的土地上再栽葡萄时，一定要先将老葡萄根彻底挖除，再进行土壤消毒，可用50%辛硫磷乳油2 000倍液或48%维巴亩（保丰收）水剂或二氯丙烯作为消毒剂施入原树盘的根际，然后翻入深30厘米左右的土壤中即可，也可与原定植行错开定植。

全园的土壤要进行平整，平高垫低，在山坡地要测出等高线，按等高线修筑梯田，以利于葡萄的定植和搭建葡萄架，更有利于灌水、排水、水土保持和机械作业等。

（2）土壤改良。葡萄定植前需要进行土壤改良。有机肥用量：按照树冠投影面积计算，每亩使用10吨优质有机肥（腐熟的羊粪、牛粪、鸡粪等禽畜粪）和过磷酸钙35～70千克，有机肥不足时，可以酌情减少。方法：将有机肥和过磷酸钙与6～8倍体积土壤混匀，在定植行位置堆积起垄，垄宽1.5米左右、垄高15～20厘米，然后灌足水，沉实后待栽（图3-15）。

种植密度较大且具规模的园区，可以将有机肥均匀撒到园子里，进行全园旋耕，然后以定植线为中线，整理起垄（图3-16）。

图3-15　有机肥准备

图3-16　旋耕（将有机肥与土壤混匀）

种植密度小且精致的园区，可以集中改良定植位置土壤，以后逐年从定植点向外扩展培肥范围，保证根系生长在良好肥沃的土壤环境中。方法有两种，一是将有机肥撒到宽1.5米左右的定植行上，用旋耕机深挖土壤与有机肥混匀，再平整起垄。另一种方法是用挖沟机开宽1.2～1.5米、深30厘米左右的定植沟，将挖出来的园土与有机肥混匀后再回填入定植沟中，沟底可放入秸秆、稻草、枝条等透水透气性好的杂物，最后平整起垄（图3-17、图3-18）。

图3-17　种植行起垄

图3-18　起垄后（垄宽1.5米左右、垄高15～20厘米）

（3）土壤消毒。土壤消毒包括日光高温消毒和药剂消毒。日光高温消毒在夏季8月份高温季节进行，将农家肥施入土壤，深翻30~40厘米，灌透水，然后用塑料薄膜平铺覆盖并密封土壤一个月以上，使土壤温度达到50℃以上，杀死土壤中的病菌和线虫。在翻地前，可在土壤上撒生石灰，再翻地、灌水、覆盖塑料膜，可使地温升得更高，杀菌、杀虫效果更好。药剂消毒利用土壤消毒机或土壤注射器将熏蒸药剂如溴甲烷、三氯硝基甲烷、福尔马林等注入土壤，然后在土壤上覆上塑料薄膜，杀死土壤中的病菌，再进行苗木定植。

4.秋冬季苗木栽植　在南方较暖和的地区可以在秋冬季节进行苗木栽植，栽植时间以葡萄落叶后的11月中下旬至土壤结冻前的12月初为宜。具体方法见一年生葡萄管理中3月份葡萄管理的苗木栽植。秋冬季提早栽苗，根系可以得到一定恢复，但栽植后需要对苗木的枝干进行埋土等方式保护越冬。

（二）1~2月份葡萄管理

河南省1~2月份是一年中温度最低的时期，土壤处于封冻状态。2月底土壤解冻后开始栽植苗木，具体方法见一年生葡萄管理中3月份葡萄管理的苗木栽植。

（三）3月份葡萄管理

土壤解冻后，苗木发芽前是种植葡萄苗木的时期。

1.苗木选择　选用优质壮苗建园是实现葡萄优质高效生产的关键。苗木选择应注意以下几点：①选择适宜当地的品种，品种选择可参考第一章品种介绍。建议一个园区品种不宜过多，主栽品种1~2个，采摘园品种可适当增加，但面积不宜过大。②建议选择脱毒苗木，减少种植后病毒病发生。③选择符合质量的苗木。葡萄一级苗木和二级苗木的标准如下：

一级苗木：品种、砧木纯度98%以上，有5条以上粗0.3厘米、长20厘米以上根，侧根分布均匀；嫁接苗接口全面愈合。无机械损伤，无病虫为害（图3-19）。

二级苗木：品种、砧木纯度98%以上，有4条以上粗0.2厘米、长20厘米以上根，侧根分布均匀；嫁接苗接口全面愈合。无机械损伤，无病虫为害（图3-20）。

图 3-19　葡萄一级苗木　　　　　　　图 3-20　葡萄二级苗木

　　设施栽培葡萄品种选择应该遵循以下原则：①葡萄果穗整齐、果粒大、着色好、酸甜适口、香味浓，粒大色艳、味美、无核或有核，优质耐储运。②在散射光条件下易着色，且整齐一致。③抗病性强。④根据栽培目的来选择品种。促成栽培要选用需冷量低、自然休眠期短的品种，以早中熟品种为主，使早熟、特早熟葡萄品种通过设施栽培成熟更早，以填补初夏淡季果品市场；延迟栽培以晚熟品种和极晚熟品种为主，尽量延长葡萄采收时间。

　　如阳光玫瑰葡萄苗木选择：在自然环境及土壤条件可以保证葡萄正常生长的前提下，选用阳光玫瑰自根苗，最有利于果实品质。对于多湿地区，建议使用SO4砧嫁接苗；对于防寒区，建议使用贝达、抗砧3号嫁接苗，但是对于盐碱黏土地，建议不要使用贝达砧；对于沙壤土，建议使用5BB、贝达、抗砧3号、夏黑嫁接苗或自根苗；对于黏土，建议使用5BB和抗砧3号的嫁接苗；从抗逆性出发，如根瘤蚜、线虫等，建议使用3309、5BB、抗砧3号和SO4的嫁接苗。

选择好品种后，可以培育大苗后再进行栽植，方法是用底部带有孔眼的塑料袋（或无纺布袋）等容器培育苗木一年后再进行栽植（图3-21）。这样可以保证栽植时苗木健壮整齐，有利于提早投产。

图 3-21　无纺布袋培育大苗

2.苗木栽植前准备　定植前，先将苗木进行处理，包括淡肥水浸泡、药液浸泡和苗木修剪。

葡萄在冬季储藏过程中会失去部分水分，为了提高苗木成活率，可以在定植前用1%过磷酸钙水溶液对苗木进行浸泡，这样可以促进苗木体内生命活动，利于发芽生根。浸泡时间一般为12～24小时。

为了杀死葡萄苗木所带的病菌虫卵，在苗木浸泡后，应对其进行药剂处理。可以使用1 000倍辛硫磷和1 000倍嘧菌酯混合液（或其他内吸性杀菌剂、杀虫剂）浸泡12～24小时（图3-22）。

对于枝干和根系较长的苗木，定植前还要对其进行修剪。枝干修剪的原则是留2～3个饱满芽，根系保留15～20厘米（图3-23）。

3.苗木栽植　栽植密度根据不同架式选择合适的株行距进行定植。高宽垂架、高宽平架式适宜的株行距为（2.0～4.0）米×3.0米，南北行向，每亩

图 3-22　葡萄苗木定植前浸泡

图 3-23　葡萄苗木定植前修剪过长的根系

56～111株；"T"形棚架适宜的株行距为（2.6～3.0）米×（6.0～8.0）米，南北行向，每亩28～43株；"H"形棚架适宜的株行距为（3.0～6.0）米×（5.0～6.0）米，南北行向，每亩19～45株；"厂"形棚架葡萄的适宜株距为2.6～3.0米。为了防止苗木不发芽或生长季节死亡造成空株现象，购买的苗木数量要比计划定植的数量多5%左右，多余的苗木最好先用无纺布袋种植起来，需要补苗的时候，将无纺布袋苗木提过去更换（图3-24）。

图 3-24　容器（无纺布袋）种植苗木

　　种植葡萄苗木时，首先按照株行距画出定植点；然后在定植点中心挖深20厘米左右、直径30厘米左右的定植穴，将葡萄苗放在坑中心，使根系舒展均匀，根系附近土壤最好不要有肥料，以免烧根；接着逐层埋土，同时踏实，并用手轻轻向上提苗，使根系呈自然伸长状态，苗颈要高出地面3～4厘米，并略向上架方向倾斜。谨记定植不要过深，以免影响葡萄生长，尤其是嫁接苗，切忌将嫁接口埋入土中，最好让嫁接口露出地面5厘米左右。用大苗种植时，建议在苗木同一高度进行剪截，以便发芽后生长整齐（图3-25～图3-28）。

图 3-25　挖定植穴

图 3-26　种植一年生苗木

图 3-27　带土球移栽二年生大苗

图 3-28　二年生大苗移栽后

　　4.灌水　苗木定植后当天及时灌透水，促进成活。

　　5.覆地膜或地布　苗木种植后，建议用黑色地膜或地布覆盖定植垄，以增温、保湿，提高成活率（图3-29、图3-30）。

图 3-29 苗木种植后覆盖地膜　　　　　　图 3-30 苗木种植后覆盖地布

6.立竹竿　定植大苗时要立刻竖立竹竿绑缚主干（图3-31），种植小苗时可以在发芽后再竖立竹竿。

图 3-31 竖立竹竿

7.葡萄立架　葡萄属于藤本植物，必须搭架才能直立生长。立架主要由立杆、地锚和牵丝组成。

目前，生产上使用的葡萄园立杆以水泥柱为主，也有镀锌钢管。在一行葡萄中，位于边缘的水泥柱（立柱）叫边柱；位于中间的水泥柱叫中柱。由于边柱和中柱受力不同，因此两者采用的规格也不同。一般中柱为10厘米×10厘米或8厘米×10厘米，边柱为12厘米×12厘米或10厘米×12厘米。为了防止边柱受力内缩，常用地锚从外侧牵引或用立杆从内侧支撑。生产上常见边柱的埋设方式有直立埋设、倾斜埋设和双边柱三种类型（图3-32、图3-33）。镀锌钢管的直径一般为4~5厘米，一般采用热镀锌，下端埋入土中50厘米左右，使用沙石、水泥做柱基（图3-34）。

图 3-32　直立边桩

图 3-33　倾斜边桩

图 3-34　柱基（由沙石、水泥做成）

地锚埋在每行葡萄两端，起固定、牵引作用。地锚地下部一般由水泥、沙石、钢筋制作而成，规格可以根据葡萄行长度、受力大小灵活设计，一般长、宽各0.4～0.5米，厚度10～15厘米，主要分外侧牵引和内侧支撑两种（图3-35、图3-36）。

图3-35　地锚外侧牵引　　　　　　　　图3-36　立杆内侧支撑

为了避免生锈，葡萄园牵丝一般使用热镀锌丝或铝包钢丝。热镀锌丝韧性大，容易弯曲、变形，使用时间长了之后架面会松动；而铝包钢丝的硬度大，不容易弯曲、变形。另外，根据位置不同和受力不同，选用不同粗度的牵丝。在受力较大的位置，牵丝直径可选择2.0～2.2毫米，其他位置可以选用直径1.6毫米的牵丝。

（四）4～9月份葡萄管理

4～9月份是葡萄萌芽、展叶和新梢快速生长期。当春季气温上升到10℃以上时，葡萄芽开始膨大、萌发，长出嫩梢。萌芽期的早晚与气温有关，河南郑州地区一般在3月底或4月初萌芽。

1.搭建避雨棚　简易避雨棚由立柱、横梁、钢丝、弧形镀锌钢管或竹片、棚膜等组成。苗木种植第一年可以不覆棚膜（图3-37）。

（1）高宽垂架。高宽垂架式避雨棚结构如图3-38所示。

图 3-37 简易避雨棚

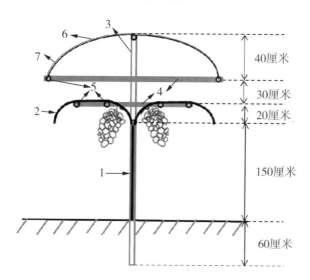

1.葡萄树主干 2.新梢 3.立柱 4.横梁 5.钢丝 6.弧形镀锌钢管 7.避雨棚膜

图 3-38 高宽垂架避雨棚结构示意图

立柱可以用钢管（直径4～5厘米）或水泥桩（10厘米×10厘米或10厘米×8厘米），长3米，垂直行距方向（东西向）每3米竖立一根，沿行距方向（南北向）每4米竖立一根，下端埋入土中0.6米，高出地面2.4米。可以通过调节立柱埋入土中的深度来使柱顶高低保持一致，从而使避雨棚高低一致。

在立柱距地面1.5米处打孔，南北方向拉第一道10号（直径3毫米）热镀锌钢丝（或铝包钢丝），固定葡萄主蔓。

距地面1.7米处设横梁，横梁采用钢管（或三角铁），横梁长1.5米，以横梁的中点向两边每隔35厘米处打孔，共打4个孔，拉4道12号（直径2.5毫米）钢丝，然后用热镀锌丝（铁丝）将每根立柱上横梁与钢丝缠绕固定即可。

立柱顶端向下3厘米处打孔，南北拉顶丝，并将顶丝固定在每根立柱顶端。立柱顶端向下40厘米处两端东西向使用3.3厘米钢管连通，中间主柱向下40厘米处东西向使用10号钢丝（直径3毫米）连通，固定避雨棚两侧边丝。钢丝与钢管交叉处均用热镀锌丝连接。这样可将每个小区连为一体，有效地提高避雨棚骨架的抗风能力。

从立柱向上面第一道横梁两边各量取1.1米打孔，然后南北向拉避雨棚的边丝，边丝与相交的每根横梁用镀锌丝固定。

拱片可用弧形镀锌钢管、毛竹片、压制成型的镀塑铁管、铝包钢、纤维杆等材料。拱片长2.5米，中心点固定在中间顶丝上，两边固定在边丝上，每隔0.6~0.8米一片（图3-39~图3-42）。

优点：① 结果部位较高（1.5米左右），离地面远，减轻病虫害的发生。② 叶幕宽，后期发出的新梢可以下垂，增加叶面积。③ 新梢在架面上水平生长，减弱生长势，有利于花芽分化。④ 主蔓比架面低20厘米，方便新梢顺势绑蔓，同时叶片遮挡光照，减轻日灼发生。

缺点：枝条下垂，操作不便，通风环境差。

图3-39 避雨棚拱片（镀塑铁管）

图3-40 避雨棚拱片（毛竹片）

图3-41 避雨棚拱片（铝包钢丝）

图 3-42 避雨棚拱片（纤维杆）

（2）高宽平架。高宽平架也叫单干双臂水平"V"形架（图3-43）。高宽平架式结构如图3-44所示，目前建议为避雨棚的主推模式。

图3-43 单干双臂水平"V"形架式（高宽平架）

优点：① 果穗位置合理，省工省时。② 行间耕作，操作方便。③三带（营养带、结果带、通风带）分明，通风透光好。④新梢长势缓和，优质生产。⑤枝蔓间有落差，便于顺势绑梢，遵循生长规律。⑥避免高温烧叶、烧果。

缺点：绑蔓有些不方便，因长期操作踩踏，营养带易板结。

（3）"V"形架。"V"形架结构如图3-45、图3-46所示。

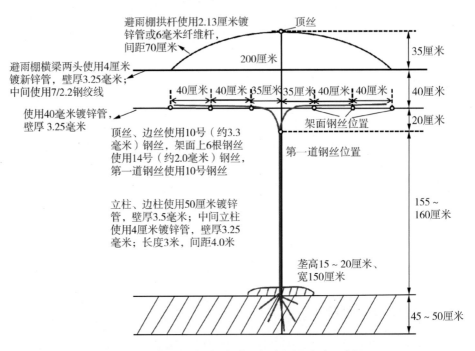

避雨棚拱杆使用2.13厘米镀锌管或6毫米纤维杆，间距70厘米

顶丝

35厘米

200厘米

避雨棚横梁两头使用4厘米镀新锌管，壁厚3.25毫米；中间使用7/2.2钢绞线

40厘米 40厘米 35厘米 35厘米 40厘米 40厘米

40厘米

使用40毫米镀锌管，壁厚3.25毫米

架面钢丝位置

20厘米

顶丝、边丝使用10号（约3.3毫米）钢丝，架面上6根钢丝使用14号（约2.0毫米）钢丝，第一道钢丝使用10号钢丝

第一道钢丝位置

立柱、边柱使用50厘米镀锌管，壁厚3.5毫米；中间立柱使用4毫米镀锌管，壁厚3.25毫米；长度3米，间距4.0米

155 ～ 160厘米

垄高15～20厘米、宽150厘米

45 ～ 50厘米

图 3-44　单干双臂水平"V"形架（高宽平架）示意图

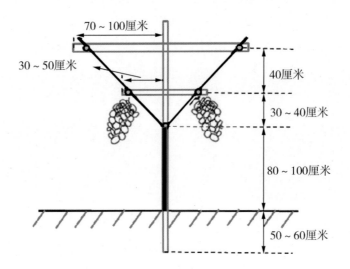

70 ～ 100厘米

30 ～ 50厘米

40厘米

30 ～ 40厘米

80 ～ 100厘米

50 ～ 60厘米

图 3-45　双十字"V"形架示意图

生产上常见的"V"形架有两种类型，即双十字"V"形结构和三角形结构，该架形的主干高度为80～100厘米。双十字"V"形结构有两个横梁，上、下横梁的长度分别为140～200厘米和60～100厘米，间距40厘米。三角形

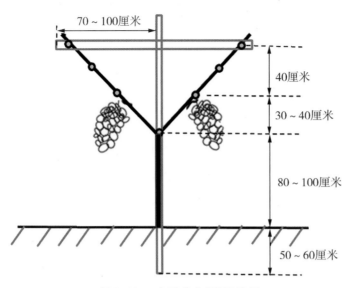

图 3-46 三角形"V"形架示意图

结构在立杆与葡萄主干等高处设定一个小孔,拉一道钢丝固定主蔓,每个斜杆上有 2 ~ 3 个小孔,再拉 2 ~ 3 道钢丝。避雨棚边丝在横梁两侧。

从葡萄生长来看,横梁长度越大,新梢生长越缓和,越有利于花芽分化;而横梁较短时,更有利于工人田间作业。"V"形架的树形培养同高宽垂架,不同的是两者主干高度不同(图 3-47、图 3-48)。

图 3-47 双十字"V"形架

图 3-48 三角形"V"形架

优点：①枝梢部位低，绑蔓、修剪易操作。②方便搭建避雨棚。

缺点：①结果部位低，比较费工。②通风环境稍差，果实易日灼。③枝条生长势旺，不利于结果。

2.新梢管理（树形培养）

（1）高宽垂架、高宽平架和"V"形架。萌芽后，选留一个生长健壮的新梢作为主干培养向上生长，其余新梢留2片叶摘心，作为预备枝和营养叶。注意嫁接苗要及时抹除嫁接口以下的砧木萌蘖。作为主干培养的新梢上发出的副梢留1片叶摘心，待主干新梢长到第一道南北向钢丝处（1.5米左右，根据树形和主干高度来定）时进行摘心，摘心处下面两个副梢不摘心，作为主蔓培养上架沿钢丝分别向南、北方向生长（图3-49）。

主蔓上架后，保留所有主蔓副梢，待主蔓副梢长出第5片叶时及时从第4片叶处摘心（图3-50），促进主蔓向前生长，同时促使主蔓副梢上的营养集中积累到基部第1~2节位冬芽上，促使冬芽花芽分化，培养第二年的结果母枝；之后保留主蔓副梢顶端的二次副梢向前生长，待顶端二次副梢长出4片叶左右时留2~3片叶摘心，之后保留顶端副梢留2~3片叶反复摘心；顶端副梢以下的所有二次副梢分批次全部抹除或留1片叶绝后摘心，增加副梢基部冬芽的营养积累。另外，待相邻两树主蔓交接20厘米时同时摘心，促使主蔓萌发副梢和生长。

（2）"T"形棚架。萌芽后，选留一个生长健壮的新梢作为主干培养向上生长，其余新梢留2片叶摘心，作为预备枝和营养叶。作为主干培养的新梢

图3-49 高宽垂架、高宽平架和"V"
形架的树体培养

图3-50 主蔓副梢摘心

上发出的副梢留1片叶摘心，待主干新梢长到主蔓钢丝处（1.7米左右）时进行摘心，摘心处下面两个副梢不摘心，作为主蔓上架沿钢丝分别向东、西方向生长（图3-51）。

主蔓上架后，保留所有主蔓副梢，待主蔓副梢长出第5片叶时及时从第4片叶处摘心，促进主蔓向前生长，同时使营养集中积累到主蔓副梢基部第1～2节位的冬芽上，促使冬芽花芽分化，培养第二年的结果母枝；另外，对于长势弱的副梢可以暂时不摘心，达到抑强促弱、促使所有副梢长势一致的目的；之后，保留顶端副梢向前生长，待顶端副梢长出4片叶左右时留2～3片叶摘心，之后反复；顶端副梢以下的所有副梢分批次全部抹除或留1片叶绝后摘心。对于北方容易受冻害的地区，建议每当主蔓长1米左右时，对主蔓进行一次摘心，促进主蔓枝条成熟和副梢生长（图3-52）。

图 3-51 "T"形棚架主干和主蔓培养

图 3-52 "T"形棚架主蔓副梢
（结果母枝）培养

（3）"H"形棚架。萌芽后，选留一个生长健壮的新梢作为主干培养向上生长，其余新梢留2片叶摘心，作为预备枝和营养叶。作为主干培养的新梢上发出的副梢留1片叶摘心，待主干新梢长到主蔓钢丝处（1.7米左右）时进行摘心，摘心处下面两个副梢不摘心，作为主蔓上架沿钢丝分别向东、西方向生长。

主蔓上架后，保留主蔓上的所有副梢留1片叶摘心，促进主蔓向前生长，待主蔓长到1.5米左右南北侧蔓钢丝处时对主蔓进行摘心，主蔓摘心处后面的两个副梢不摘心，作为侧蔓沿钢丝分别向南、北方向生长。

保留侧蔓上的所有副梢，待侧蔓副梢长出第5片叶时及时从第4片叶处摘心，促进侧蔓向前生长，同时使营养集中积累到侧蔓副梢第1~2节位冬芽上，促使冬芽花芽分化，培养第二年的结果母枝。另外，对于长势弱的副梢可以暂时先

图3-53 "H"形棚架树体培养

不摘心，达到抑强促弱、促使所有副梢长势一致的目的。之后，保留顶端副梢向前生长，待顶端副梢长出4片叶左右时留2~3片摘心，之后反复。侧蔓副梢上顶端副梢以下的所有副梢分批次全部抹除或留1片叶绝后摘心（图3-53）。

（4）"厂"形棚架。萌芽后，选留一个健壮的新梢作为主蔓培养向上延伸生长，在1.0米处攀爬于倾斜向上的架面上，形成独龙干。主蔓上1.0米以下副梢全部抹除或留1片叶摘心，上部副梢全部保留，分别向南、北方向生长（南北向单栋大棚模式日光温室"厂"形棚架为向东、西方向生长），待副梢长出第5片叶时及时从第4片叶处摘心，促进主蔓向前生长，同时使营养集中积累到副梢第1~2节位的冬芽上，促使冬芽花芽分化，培养第二年的结果母枝；之后，保留顶端二次副梢向前生长，待顶端二次副梢长出4片叶左右时留2~3片叶摘心；之后顶端副梢留2~3片叶反复摘心。顶端副梢以下的所有副梢分批次全部抹除或留1片叶绝后摘心。另外，主蔓新梢每长1.0米进行一次摘心，促使主蔓枝条成熟和副梢生长（图3-54、图3-55）。

3.土肥水管理

（1）土壤管理。以清耕法为主，在生长季内多次浅清耕，松土除草，一般在灌溉后或杂草长到一定高度时进行，也叫中耕（图3-56）。清耕葡萄园内不种植作物，一般在生长季节进行多次中耕，秋季深耕，保持表土疏松无杂草，同时，可加大耕层厚度。

图 3-54 日光温室"厂"
形棚架主蔓培养

图 3-55 日光温室"厂"形棚架主蔓
副梢（结果母枝）培养

图 3-56 中耕

　　另外，葡萄园土壤管理也可以采取覆盖法或果园生草法。常用的覆盖材料有地膜、麦秸、玉米秸、稻草、麦糠等。覆盖地膜时建议在6月份之后高温来临前将地膜揭开，避免高温为害葡萄根系。在年降水量较多或有灌水条件的地区，可以采用果园生草法。草种用多年生牧草和禾本科植物，如三叶草、毛叶苕子、黑麦草、鸭茅草、苜蓿等。一般在整个生长季节内均可播种（图3-57 ~ 图3-59）。

图 3-57　地膜覆盖

图 3-58　果园自然生草

图 3-59　果园人工生草（紫花苜蓿）

（2）施肥管理。待苗木新梢开始有副梢长出时，说明葡萄根系已经长出新根，此时根据苗木长势进行施肥。在6月份之前，施肥以尿素为主，每10天施一次，根据树体长势，每株25~50克，促进苗木快速生长；进入7月份葡萄上架之后，施肥以复合肥为主，促进枝条木质化成熟，每10天施一次，根据树体长势，每株50~100克，同时每10~15天叶面喷施一次磷酸二氢钾；9月份之后，减少施肥，避免枝条旺长，冬季受冻。

（3）水分管理。8月份之前，保持土壤湿度在70%以上，促进苗木快速生长；8月份之后，适当控水，保持土壤湿度在60%~70%，促进枝条成熟。为了方便秋、冬、春季漫灌和生长季节滴灌，灌溉设备建议采用漫灌+滴灌两用设备（图3-60）。

4.病虫害防治　一年生苗木常见病虫害有黑痘病、霜霉病、病毒病、绿

漫灌使用

滴灌使用

图 3-60　漫灌 + 滴灌两用设备

图 3-61　黑痘病

图 3-62　霜霉病

图 3-63　病毒病

图 3-64　绿盲蝽

盲蝽、甜菜夜蛾（图3–61~图3–67）等，针对不同病虫害，喷施不同农药进行防治，见表3–5。

图3-65　甜菜夜蛾　　　　　　　　　　　图3-66　棉铃虫

图3-67　缺铁症

表3–5 葡萄常见病虫害防治

病虫害	防治方法	防治时期
绿盲蝽	22%氟啶虫胺腈3 000倍液、50%噻虫嗪3 000~4 000倍液、30%敌百·啶虫脒500倍液、吡虫啉、溴氰菊酯、高效氯氰菊酯等	绒球期至6月初
黑痘病	保护性杀菌剂：波尔多液、王铜等； 内吸性杀菌剂：20%苯醚甲环唑3 000倍液、12.5%烯唑醇2 500倍液、43%戊唑醇6 000倍液、40%氟硅唑乳油6 000~8 000倍液等	生长前期及中期
霜霉病	波尔多液、66.8%霉多克600倍液、50%烯酰吗啉3000倍液、68.75%氟菌·霜霉威1 000倍液、25%精甲霜灵可湿性粉剂、25%吡唑醚菌酯等	生长中后期，即6月中旬以后

续表

病虫害	防治方法	防治时期
白粉病	保护性杀菌剂：硫制剂；内吸性杀菌剂：20%苯醚甲环唑水分散粒剂1 500倍液、80%戊唑醇可湿性粉剂6 000～8 000倍液、50%醚菌酯水分散粒剂2 000～3 000倍液、40%氟硅唑乳油6 000～8 000倍液、12.5%烯唑醇可湿性粉剂2 000倍液等	设施栽培、高温干燥条件下的整个生长阶段
病毒病	使用脱毒苗、加强肥水管理等	春季生长前期

（五）10～11月份葡萄管理

1.秋施基肥　施基肥方法采用开沟施肥，施肥沟距离树干50厘米左右，之后每年可根据根系生长范围向外扩大距离，一侧开挖宽、深各30厘米的沟。一般每亩施入优质腐熟有机肥2～3吨、氮磷钾复合肥30～50 千克、过磷酸钙30～50 千克（图3-68～图3-71）。

图 3-68　开沟

图 3-69　施有机肥

图 3-70　回填土、混匀

图 3-71　开沟施肥回填一体机

2.灌水 结合施基肥，灌透水1次，以促进肥料分解（图3-72）。

3.病虫害防治 重点预防霜霉病，保护叶片，按照病虫害防治原则规范预防，15～20天使用一次铜制剂，如80%波尔多液400倍液。

图 3-72 施基肥后灌透水

（六）12月份葡萄管理

1.冬季修剪 定植当年冬剪时，以短梢修剪为主。除"H"形树形外，保留主蔓上新梢基部粗度大于6毫米的所有新梢留1～2芽进行短梢修剪，所有主干和主蔓上过细的新梢均从基部疏除。"H"形树形保留侧蔓上新梢基部粗度大于6毫米的所有新梢留1～2芽进行短梢修剪，所有主干、主蔓和侧蔓上过细的新梢均从基部疏除（图3-73～图3-76）。

图 3-73 高宽垂架和单干双臂水平
"V"形架冬季修剪后

图 3-74 "T"形树形冬季修剪后

图 3-75　"H"形树形冬季修剪后

图 3-76　"厂"形树形冬季修剪后

2.灌封冻水　土壤上冻前，全园葡萄灌透水，预防冻害发生（图 3-77）。

图 3-77　灌封冻水（全园灌水）

二、二年及以上树龄葡萄管理

（一）1月份葡萄管理

1月份是全年气温最低的月份，葡萄处于休眠期。

1.冬季修剪　上年12月份未完成修剪的可在本月修剪。

2.刮、剥老皮 多年生葡萄的主干、主蔓上会出现开裂的树皮，一律刮除、剥除（图3-78）。

3.清园 将修剪后的枝条、病果、病叶等杂物全部清理出园。清园工作很重要，务必认真完成（图3-79）。

图3-78 刮、剥老皮

图3-79 清园

4.促早栽培大棚葡萄覆膜封棚 本月大棚葡萄开始扣棚增温。促早栽培可进行"三膜覆盖"，即棚膜、棚内加盖一层膜（或树行加盖膜）、根部加扣保温小拱棚（宽2.0米、高1.5米左右）（图3-80、图3-81）。

图3-80 促早栽培大棚覆膜封棚

图3-81 大棚内部沿树行加扣小拱棚

5.设施栽培葡萄生长环境温湿度调控（表3-6）

表3-6 设施内葡萄各生育期适宜温度与适宜湿度

生育期	温度（℃）		空气相对湿度（%）
	白天	夜间	
催芽期	20左右	6 ~ 10	80 ~ 90
花前新梢生长期	25 ~ 28	15左右	70 ~ 80
花期	28左右	16 ~ 18	50 ~ 70
果实膨大期	25 ~ 28	18 ~ 20	70 ~ 80
转色至成熟期	28 ~ 30	15左右	60 ~ 80

6.促早栽培葡萄涂抹破眠剂 一般在扣棚升温时，用破眠剂涂芽，可以促进花芽分化、提前萌芽和萌芽整齐（图3-82）。

图3-82 涂抹破眠剂

（1）破眠剂种类。常见的葡萄破眠剂主要成分是石灰氮、单氰胺，其最终都是以单氰胺为有效物质。破眠剂作用机理：促进葡萄休眠中的生长抑制物脱落酸提前降解，一定程度上代替低温需冷量的生物学效应（理论上能够代替20%的需冷量）。

（2）使用浓度。破眠剂使用剂量越高，使用时间越晚，其作用效果越显著，但是这样也会伴随着药害的发生；石灰氮的使用浓度一般为15% ~ 20%，即1千克石灰氮兑60 ℃左右的水5.0 ~ 6.5千克，配合展着剂使用；单氰胺的使用浓度为2%，50%单氰胺需要稀释25倍后使用，即250毫升单氰胺兑水6.25千克。单氰胺商品名有很多，如荣芽、朵美滋、芽灵等。

（3）使用时间。由于破眠剂的使用除了提前萌芽，还能够促进其萌芽整齐，考虑到后期霜冻等因素，需在正确的时间使用。年平均气温低于17.5℃的地区，需在2月份使用，注意后期霜冻；年平均气温在17.5～20.0℃的地区，可在1月上中旬使用；年平均气温在20℃以上的地区，可以在12月上中旬至1月中旬使用；以上均是露天栽培时期，设施栽培根据其温度可适当提前。

（4）破眠剂的使用方法。取少量石灰氮或单氰胺溶液，用毛刷或者毛笔均匀地涂抹在结果母枝的冬芽上，各级延长枝的顶端及结果母枝顶端1～2芽不涂抹；采用大行距"T"形架时，若主蔓长度过长且主蔓上没有结果母枝，可以采用降低主蔓前部位置和分批次涂抹单氰胺的方法，促使顶端优势后移，从而保证主蔓上的冬芽萌芽整齐。单氰胺溶液可用于喷雾或者涂抹，但以涂抹居多。

（5）注意事项。涂抹催芽后1～2天，需全园灌溉，否则催芽效果不理想。另外，单氰胺溶液对眼睛和皮肤有刺激作用，建议涂抹时戴上口罩和手套，做好保护工作，不要让皮肤触碰药液，以防烧伤。

（二）2月份葡萄管理

1.施基肥　此前未施基肥的园子可在本月施有机肥，主要根据土壤的解冻情况而定，方法同10月份。

2.修整架面　修整葡萄架面和支柱，更换破损架材，扶正歪斜的葡萄支柱。对架材走形、钢丝松动、铁丝锈坏或断裂的部分材料进行更换或重新拉紧，预防生长季节架面坍塌。

3.刮、剥老皮　前期未完成的，可在本月进行，将主干和主蔓上的老树皮揭掉，剪除病残枝，并集中烧毁。

4.清园　上月清园工作未做或未做完的，可在本月进行清园，方法同1月份。

5.刻芽　温室促早栽培时，幼年树长放的主蔓，芽数超过5个时，除剪口后的2个芽外，其余芽可以用小刀或小钢锯条刻芽，刻芽位置在芽上1厘米左右处，深度要切断皮层筛管或少许木质部导管，使向上输送的养分和水分被阻挡在伤口下的芽处，促使其萌发生长（图3-83、图3-84）。

图3-83 刻芽

图3-84 刻芽后主蔓上的芽萌发

6.预防晚霜冻 霜冻是葡萄生产常见的自然灾害，每年都有不同程度的发生。按照发生时间分为春霜冻和秋霜冻。春霜冻又称晚霜冻，春季最晚的一次霜冻称终霜冻。秋霜冻又称早霜冻，秋季最早出现的一次霜冻称初霜冻（图3-85、图3-86）。

图3-85 新梢生长期遭遇晚霜冻

图3-86 萌芽期遭遇晚霜冻

预防霜冻对葡萄生产造成灾害的措施有多种，除了通过选择适宜种植地区，营造防护林、选用抗逆性强的品种等重要种植栽培技术措施外，还可以通过人们主动采取措施进行人工防霜，改变易于形成霜冻的温度条件，保护葡萄不受其害。

（1）灌水法。灌水可增加近地面层空气湿度，保护地面热量，提高空气温度（可升温 2 ℃左右）。由于水的热容量大，降温慢，田间温度不会很快下降，所以，在霜冻来临之前对葡萄进行漫灌，可以有效降低霜冻为害。

（2）喷水法。对于小面积的葡萄园或具备喷灌条件的葡萄园可以采用喷水法进行防冻，效果十分理想。其方法是在霜冻来临前 1 个小时，利用喷灌设备对葡萄不断喷水。因水温比气温高，水在葡萄枝叶遇冷时会释放热量，加上水温高于冰点，以此来防御霜冻，效果较好。

（3）覆盖法。利用稻草、麦秆、草木灰、杂草、尼龙、塑料薄膜等材料覆盖葡萄，既可防止外面冷空气的袭击，又能减少地面热量向外散失，一般能提高气温 1 ~ 2 ℃，该方法防冻时间长。

（4）霜冻前喷施防冻剂。在霜冻前，喷施碧护、抗氧化剂类、氨基酸类、芸薹素内酯等防冻剂，可以促进葡萄植株呼吸速率增强，提高其活力，并能够有效激活葡萄体内的甲壳素酶和蛋白酶，极大地提高氨基酸和甲壳素的含量，增加细胞膜中不饱和脂肪酸的含量，使之在低温下能够正常生长，从而预防、抵御冻害。

（5）加热法。应用煤、木炭、柴草、油、蜡等燃烧使空气和植物体的温度升高以防霜冻，这是一种广泛使用的方法。江苏有些果园为了防御霜冻，在霜冻出现之前挖"地灶"，将干草、树枝等放在"地灶"内燃烧，释放热量，使周围温度升高，植物体则不会出现霜冻，效果很好。法国普遍采用葡萄行间点燃蜡烛防霜，效果十分理想。

（6）熏烟法。利用能够产生大量烟雾的柴草、牛粪、锯木、废机油、赤磷或其他尘烟物质，在霜冻来临前半小时或 1 小时点燃。这些烟雾能够阻挡地面热量的散失，而烟雾本身也会产生一定的热量，一般能使近地面层空气温度提高1 ~ 2℃。该方法具有成本较高、污染大气的特性，适用于短时霜冻的预防，实践证明效果良好。

（7）杀灭冰核细菌防霜冻。在植物表面上附生着肉眼看不见的细菌，这些细菌具有冰晶核活性的特点。当在植物体表面附生众多冰核细菌时，植物细胞内水分出现结冰时的温度为-2 ~ -1℃，均高于植物体没有附生冰核细菌的作物，这就是冰核细菌加重发生霜冻的原因。目前，已经从各类药物中筛选出抗霜剂1号、抗霜素1号和抗霜保三种防霜药剂。可以人工喷洒药剂，消除植物体表面的众多冰核细菌，提高植物的抗霜冻能力。

（8）扰动法。霜冻来临时，局部地区出现地面温度低，而距地面10～20米的高度气温较高的现象叫作逆温。人们可以使用大风扇使上暖下冷的空气混合，提高地面温度，从而预防霜冻。澳大利亚曾将直径6.4米的大风扇安装在10米高的铁架上，霜冻之夜，开动风扇扰动使空气混合，在15米的半径内升温3～4℃，防御霜冻效果很好。美国用直升机在低空飞行，飞过后使空气扰动升温2～5℃，升温持续20～30分钟，连续飞行能在较大范围内防御霜冻。

另外，在霜冻出现之前，通过将增热剂撒播在植物垄沟内，可使夜间增温2～5℃。常用的增热剂为石灰，它能够释放出热量，促使植物体周围温度升高1～2℃。

葡萄霜冻后的补救措施：

（1）及时查看灾情，根据受灾情况分别处理。①轻度霜冻。仅是新梢顶部幼叶轻微受冻，花序尚完好，可在霜冻结束后，将新梢顶部受害死亡的梢尖连同幼叶剪除，促使剪口下芽尽快萌发，恢复正常生长。②中度霜冻。具体表现是新梢上部50%左右的嫩梢及叶片受冻，花序基本完好，可在霜冻结束后，将新梢受冻死亡的部分剪除，促使剪口下叶芽尽快萌发，恢复正常生长。③重度霜冻。具体表现是整个新梢、叶片及花序几乎全部受冻，或萌动冬芽变为棉絮状，在霜冻结束后，将新梢从基部全部剪除，促使剪口下结果母枝原芽眼副芽或隐芽尽快萌发。

（2）加强肥水管理。为了尽快恢复树势，应加强葡萄肥水管理，及时补充树体营养，增强树势。可喷施氨基酸、海藻酸、壳寡糖等功能性叶面肥，以恢复树势，保护幼小及受伤的叶片，促进花序的生长发育，增加坐果率，挽救葡萄损失。

（3）加强根系管理。冻害发生后，及时追施氮肥和灌水并进行中耕松土，提高土壤温度和透气性，增强葡萄根系活力，促使根系对水肥的吸收，加快地上部分生长，恢复树势。

（4）加强病虫害防治。受灾后，对葡萄进行药物保护，避免因冻害引起的大面积病虫害发生。

（5）推迟抹芽。树体管理上，可适当推迟抹芽，延缓芽体生长，在短期低温冻害来临时，可降低冻害率，增大优质芽的选择基数。

（6）利用副芽结果。对于已发生冻害的园区，冻害严重时，可以利用葡萄一年多次结果的习性，将受冻严重的主芽抹除，结果母枝基部芽眼未能萌发的还会萌发，受冻芽眼处的副芽也会萌发，也可开花结果，能够挽回部分损失。有条件的可在结果母枝上喷施500毫克/升赤霉素，促进副芽的萌发。

（三）3月份葡萄管理

3月份葡萄一般处于伤流期，从春季树液开始流动到萌芽时为止。从外观上看，树体没有什么生长迹象，但在树体内部正在进行着旺盛的生理代谢活动，尤其是根系的活动非常旺盛，此时根系从土壤中吸收大量的水分、养分，从而使树体根压升高，地上部由于没有叶片蒸发，所以会在修剪的伤口处流出透明的液体，即伤流。此时若对枝蔓进行修剪或枝蔓受到损伤形成伤口，则会加剧更多的伤流液流出。随着新梢不断生长产生大量叶片，通过叶片可以将部分水分蒸发出去，降低根压，伤流现象就会逐渐消失（图3-87）。

图3-87　伤流

一般欧洲种葡萄在根系分布层土温上升至7～9℃时，树液就开始流动，出现伤流。伤流量的多少与品种特性和土壤湿度有关，一般土壤湿度越大，伤流量也越大。伤流期的长短依当年气候条件和品种而定，从几天到50天不等。伤流液中的干物质主要成分是糖、氮的化合物和矿物质（如钾、钙、磷等）。

1.埋土防寒区葡萄枝蔓出土上架　对于埋土防寒地区，在葡萄树液开始流动至芽眼膨大之前，必须铲除防寒土，修好栽植畦面，将葡萄枝蔓引缚上架。出土时为了防止芽眼抽干，使芽眼萌发整齐，出土后先将枝蔓在地上放几天，等芽眼萌动时再上架。对于用嫁接苗定植的葡萄园，常在嫁接口以上的接穗部位发出新梢，此时应将其彻底去除。另外，尽量不要使主蔓靠近地面，防止着地生根（图3-88）。

图3-88　葡萄出土上架

2.防止伤流　为了防止伤流的发生，发芽前不要修剪，并且注意在发芽前的各项农事操作中如枝蔓出土、上架等，要特别小心，避免枝蔓受伤。若葡萄伤流比较严重，可采取以下措施补救：①塑料薄膜包扎法，用10平方厘米的塑料薄膜将枝蔓伤流处的伤口包扎好，并用细绳缠紧，使其不透气。②石灰或硫黄封口法，将生石灰或硫黄粉加水调制成糊状，涂抹于伤口处。③蜡封法，将蜡烛点燃后，使蜡边熔化边滴在伤口上，或将蜡熔化后涂于伤口处。④松香热涂法，将松香放在容器中加热熔化，然后趁热将松香涂于伤口处。

3.枝蔓绑缚　正所谓"三分靠修剪，七分靠绑蔓"。此时葡萄正处于伤流期，枝条吸水柔软，对枝蔓进行定向绑缚，使其均匀合理地分布在架面上，以便通风透光，促进树体生长。绑缚材料可以是塑料条、布条等（图3-89）。

图3-89　枝蔓绑缚

4.两年生葡萄主蔓前部下垂促进主蔓后部冬芽萌发　对于两年生采用大行距"T"形架的葡萄植株，由于主蔓长度过长和顶端优势问题，主蔓两端的芽会先萌发，主蔓上靠近主干侧的芽会出现萌发不整齐或者不萌发的现象，从而造成架面空缺。因此，在萌芽前需要采取降低主蔓前部位置的方法，促使顶端优势后移到主蔓上后部位置较高的芽上，待此处冬芽萌发后，分批次小心地将主蔓绑缚到钢丝上，切记不要将萌发的芽碰掉，从而保证萌芽整齐（图3-90）。

图 3-90　主蔓前端自然下垂转移顶端优势

5.肥水管理　根据园区树体生长势施萌芽肥。一般每亩施入尿素15千克或氮磷钾复合肥15千克或促进生根的腐殖酸，均匀撒在根系密集分布区，浅耕即可，并灌溉。

河南省春季干旱，应适当灌水，保持土壤湿度在田间持水量的65%~75%，以利于萌芽一致。

6.覆盖地膜或地布　地膜或地布覆盖可在早春有效提高地温，减少地面水分蒸发，防止水土流失，稳定土壤温度、湿度，抑制杂草生长，阻隔土传病害，改善土壤团粒结构。缺点是容易导致根系上浮（图3-91）。

图 3-91　覆盖地布

7.揭老翘皮　前期未完成的，可在本月进行，将主干和主蔓上的老树皮揭掉，并集中烧毁。

8.清园　前期未完成的，可在本月进行。

9.硬枝嫁接　葡萄萌芽前是进行硬枝嫁接换种的最佳时节，各地可根据当地具体情况，抓紧进行。葡萄常用的嫁接方式为劈接。劈接是指在砧木上劈个小口，将接穗插入劈口中。劈接时砧木接口紧夹接穗，所以嫁接成活后接穗不容易被风吹断。砧木以中等粗度为宜，砧木过粗不易劈开，且劈口夹力太大，易将接穗夹坏。如果砧木过细，则接口夹不紧，接穗也不利于成活。但劈接比插皮接操作复杂，需要工具也比较多，而且有些老树，其木质部纹理不直，不易劈出平直劈口，不适宜采用这种方法。

步骤：①砧木切削。将砧木在树皮通直无节疤处锯断，用力削平伤口。然后在砧木中间，用木槌或木棍将劈刀慢慢往下敲，以形成劈口（图3-92）。

②接穗切削。接穗宜先蜡封留2～3个芽，在它的下部相对各削一刀，形成楔形。如果砧木较细，切削接穗时则应使其外侧稍厚于内侧，接穗楔形伤口的外侧和砧木形成层相接，内侧不接。如果砧木较粗则要求楔形左右两边一样厚，以免由于夹力太大而夹伤外侧的接合面。接穗削面长度一般为4～5厘米，削面要长而平，角度要合适，使接口处砧木上下都能和接穗接合（图3-93）。

图 3-92 砧木切削

图 3-93 接穗切削

③砧穗接合。将砧木劈口撬开，然后把接穗插入劈口的一边，这时的关键是要使双方的形成层对准，最好使接穗左右两边外侧的形成层都能和砧木劈口两边的形成层对准，如果不能两边对准，则一边对准，一边靠外对着砧木韧皮部也可。接合时不要把接穗的伤口部都插入劈口，而要露白0.5厘米以上，有利于愈合。如果把接穗伤口全部插入劈口，那么一方面上下形成层对不准，另一方面愈合面在锯口下部形成一个疙瘩，而造成后期愈合不良影响

寿命（图3-94）。

④包扎管理。对中等或较细的砧木在其劈口插1个接穗，用宽为砧木直径1.5倍、长40～50厘米的塑料条进行包扎，要将劈口、伤口及露白处全部包严并捆紧（图3-95）。如果砧木切口较粗，则可分别在劈口两边插2个接穗，插入后先抹泥将劈口封堵住，然后套塑料袋并扎紧。接穗芽萌发后先在袋上剪个小口通气，待芽长成后再除去塑料袋（图3-96）。

图 3-94　砧穗接合

图 3-95　包扎

图 3-96　硬枝嫁接后萌芽

10.喷施石硫合剂　促成栽培的大棚，当芽开始萌动、膨大至绒球状时喷施3～5波美度石硫合剂，绒球吐绿前要完成（图3-97、图3-98），否则芽易被烧伤。若遇到雨水天气，建议使用80%硫黄水分散粒剂200倍液代替石硫合剂。另外，春季尚未完全恢复生长的葡萄枝干比较干燥，需要较大的药液量才能均匀渗入树皮和枝干的表皮组织，因此，此次喷施要均匀，最好采用淋洗式的喷药方法，把药剂细致地喷遍树体、架材、钢丝和地面。

图 3-97 绒球期

图 3-98 吐绿

石硫合剂的熬制方法和熬制时的注意事项：

（1）石硫合剂配比与选料。

①配比。推荐配比：生石灰∶硫黄∶水∶洗衣粉=1∶2∶10∶0.2，为了避免在熬制过程中不断加水的麻烦，可按生石灰∶硫黄粉∶水=1∶2∶15或1∶2∶13的比例进行熬制。

②选料。石灰：应选择白色、质轻、无杂质、含钙高的优质石灰（如果石灰质量较差，可适当提高30%～50%的石灰用量）。硫黄：色黄质细的优质硫黄，最好达到400目以上。水：清洁的水。

（2）熬制的方法步骤（在整个熬制过程中适当搅拌）。

①锅内加足水量，并记下水位线，开始加热。

②水温热后（50～60℃、烫手)，舀出少许水将硫黄粉和洗衣粉调制成糊状，然后倒入锅中。

③大火加热接近水开时（80～90℃），将石灰块小心投放到锅内，由于石灰遇水释放出大量热量，水会马上沸腾，石灰和硫黄开始进行反应，这时的火应大，使整个锅内沸腾，以促进反应速度，并开始计时，约需50分钟。

沸腾期间火候掌握：

前猛：沸腾后约20分钟，锅里会溢出大量气泡，可用扫帚等扑扫。

中稳：约15分钟，保持沸腾。

后小：约15分钟，保持微沸。

熬煮中损失的水分要用热水补充，在停火前15分钟加足水。

石硫合剂熬制过程中药液颜色变化：黄色—黄褐色—红褐色—深红棕色（酱油色），当锅中溶液呈深红棕色、渣子呈草绿色时，则可停火。冷却、过滤后，即可获得石硫合剂母液。

注意：如果渣子呈墨绿色，则说明火候已过，有效成分开始分解；若渣子呈黄绿色，说明火候不到。

（3）加水（稀释）倍数计算。石硫合剂在使用前必须用波美比重计测量好原液度数，一般熬制的石硫合剂母液浓度为20波美度左右，高的可达26波美度以上。

加水（稀释）倍数计算公式：加水倍数=（原液浓度÷使用浓度）−1。

（4）石硫合剂使用相关注意事项：

①熬制时，要用生铁锅，使用铜锅或铝锅会影响药效。

②配药及施药时应穿戴保护性衣服，若药液溅到皮肤上，可用大量清水冲洗，以防皮肤灼伤。施用石硫合剂后的喷雾器，必须充分洗涤，以免腐蚀损坏。

③石硫合剂不能与酸性、碱性农药混用。

④忌与波尔多液、铜制剂、机油乳剂、松脂合剂及在碱性条件下易分解的农药混用，否则会发生药害。

⑤不宜在气温过高（>30℃）时使用。

⑥储存：不能用铜、铝容器，可用铁质、陶瓷、塑料容器。

⑦要密封好，可用柴油、机油、植物油等封面。

（四）4月份葡萄管理

4月份是葡萄萌芽、展叶、新梢生长期和花序分离期。春季气温上升到10℃以上时，葡萄的芽开始膨大萌发，长出嫩梢（图3-99）。根据雨水和气温的变化，萌芽期或早或晚，但大多数露地栽培葡萄品种均在4月上旬萌芽，前期温度较高的年份露地葡萄会在3月底萌芽。此时期的萌芽和新梢生长主要依靠储藏在根和茎中的营养物质，储藏养分是否充足直接影响到发芽质量，可以利用发芽整齐度判断萌芽质量，同时发芽整齐度也是检验上一年栽培技术管理是否得当的重要指标。另外，大多数葡萄萌芽时要求土壤温度在12℃以上，如果低于12℃则会推迟萌芽。欧洲种葡萄要求昼夜平均气温稳定在10℃以上时开始萌芽。本月内葡萄园的主要工作是及时追肥、抹芽、定梢、喷药防治病虫害。

图 3-99 葡萄萌芽

1.覆盖避雨棚膜 避雨栽培时期应开始覆盖避雨棚膜，方法是将避雨棚膜覆于拱杆上，将两头搂紧并固定，然后用竹木夹将薄膜边缘固定在边丝上，20厘米左右一个竹木夹，最后在薄膜上拉上压膜线，搂紧固定。另外，覆盖避雨棚膜最好在发芽前进行，这样可以避免碰掉刚萌发的幼芽，也可以起到一定的保温作用（图3-100）。

2.土肥水管理

（1）浅耕土壤。全园进行浅耕，疏松土壤，铲除杂草，提高早春地温，减少养分蒸发和养分消耗，改善土壤通气性，促进微生物活动，增加有效养分，促进根系生长（图3-101）。

（2）施肥管理。此时期正值新梢生长、花器官分化的重要时期。充足的养分有利于花器官的分化和抽梢。一般每亩施氮磷钾复合肥（高氮型）10千克，挖浅沟施入并覆土灌溉或以水溶肥的形式随灌溉水施入。

图 3-100 覆盖避雨棚膜

图 3-101 浅耕

（3）水分管理。在萌芽前灌水的基础上，若天气干旱，土壤含水量低于田间最大持水量的60%时，需要灌水。判断标准为黏壤土捏时虽能成团，但轻压易裂，壤土或沙壤土手握土后松开时不能成团，说明土壤含水量已少于田间最大持水量的60%，须进行灌水。生长季节灌水最好采用滴灌或喷灌，这两种方法具有省水、省工、保肥的作用，在盐碱地可以防止返盐。

3.病虫害防治　此时期是葡萄病虫害防治的关键时期，各种病虫害都在陆续萌发，此时用药可以有效地降低病虫害发生基数，大大延缓和减轻病虫害的发生和为害，起到事半功倍的作用。

露地栽培区在绒球期，即刚发现绒球出现、鳞片刚破开，还还没有展叶时，选择晴天（20℃为宜），全园喷洒3~5波美度石硫合剂，包括树体、架材、钢丝、地面等应均匀喷施。当嫩梢长到2~3叶时，注意防治白粉病、黑痘病、绿盲蝽、毛毡病、红蜘蛛等。绿盲蝽的防治可使用10%高效氯氰菊酯2 000~3 000倍液、辛硫磷、吡虫啉等（图3-102）。白粉病的防治可使用三唑类杀菌剂，如10%美铵600倍液、40%稳歼菌8 000倍液等，结合摘除白粉病病梢。防治黑痘病应使用杀菌剂，如80%波多尔液400倍液、苯醚甲环唑等。

图3-102　绿盲蝽为害

4.抹芽　抹芽一般在芽已萌动且尚未展叶时，分两次进行。第一次抹芽在芽萌动初期进行。此次抹芽主要将主干和结果母枝上确定不留梢部位的芽及三生芽、双生芽中的副芽抹去。选留壮芽，遵循密处少留、稀处多留、弱芽不留的原则，每米主蔓留梢10~13个。在第一次抹芽后10天左右，此时基本可以看出萌芽的整齐度。对萌芽较晚的弱芽、无生长空间的夹枝芽、靠近结果母枝基部的瘦弱芽、位置不当的不定芽等根据空间的大小和留枝情况进行抹除。抹芽后要保证通风透光（图3-103、图3-104）。

图 3-103 第一次抹芽时期

图 3-104 第二次抹芽时期

5.定梢 定梢一般在展叶后20天左右开始（图3-105）。此时新梢长至15～20厘米，可以辨别出有无花序和花序质量时，对新梢进行选留。定梢决定着植株的枝梢布局和产量，使架面上达到一个合理的枝梢密度。原则上选留有花序的粗壮新梢，除去过密枝和细弱枝，同时要注

图 3-105 定梢时期

意选留的枝条要基本整齐一致，以便于后期管理。定梢的原则是每米主蔓留梢10个左右。棚架每米架面留10～12个新梢，按照结果蔓间距3米计算，每亩2 200～2 664个新梢。在规定留梢量的前提下，按照"五留"和"五不留"的原则进行留与舍的选择，即留早不留晚（指留下早萌发的壮芽），留肥不留瘦（指留下胖芽和粗壮新梢），留花不留空（指留下有花序的新梢），留下不留上（指留下靠近母枝基部的新梢），留顺不留夹（指留下有生长空间的新梢）。

6.叶面施肥 为了促进新梢生长和坐果，4月下旬进行叶面喷施0.02%～0.05%硼酸、硼砂或其他硼肥，或喷布0.1%～0.3%全元素肥（水溶肥）。

（五）5月份葡萄管理

5月份是葡萄新梢快速生长期和开花坐果期，是葡萄生产中非常重要的时期。此时期为了减少落花落果，在加强花前肥水管理的同时，应适当定梢摘心，控制主、副梢生长，及时引绑枝蔓，改善架面光照条件，以利于提高坐果率和促进幼果生长。对授粉不良的品种，还要采取使用植物生长调节剂的措施，以达到高产和提高品质的目的。

1.花果管理

（1）定穗（疏穗）。当花序长到5～8厘米，能清楚地看出花序饱满程度时，根据定穗计划进行定穗。疏除花序时间多在开花前10～20天开始至始花期完成，对于坐果好的品种，在新梢上能看清花序多少和大小时越早疏除花序越好；对于树势强且容易落花落果的品种，疏除花序时间应适当推后。

根据葡萄品种，每亩定穗量为2 000～3 500穗，一般将果穗修整为600～800克的标准穗形，每亩生产优质果产量1 000～2 000千克。

花序选留一般遵循"壮二、中一、弱不留"的原则，即粗壮新梢留2个花序，中庸新梢留1个花序，细弱新梢不留花序。多数葡萄品种成花容易，一般每条新梢都在两个花序或以上，选留与旁边新梢上的花序大小一致、发育较完整的饱满花序。

（2）修整花序。根据市场和消费者需求修整花序。部分品种自然穗形比较美观，整理时可"依穗作形"。一般较为省工的穗形为圆柱形。对于巨峰系如巨峰、京亚、户太8号、藤稔、辽峰等品种，在见花前2～3天至初花期留穗尖5厘米左右或者剪去副穗和歧肩及上部3～6个花序大分枝，再剪去全穗长1/5～1/4的穗尖，保留中下部的小分枝。对于需要用植物生长调节剂进行无核化处理的品种（如夏黑、阳光玫瑰），在见花前2～3天至初花期留穗尖6～7厘米，可以使花序开花整齐，便于药剂处理（图3-106）。

对于中小型果穗葡萄品种（蜜光、瑞都红玉等）的花序，剪去副花序、1/4长的花序穗尖和第一、第二分枝的1/3长，该方法在葡萄生产上较为常见，适用于大多数品种。

对于大穗形且坐果率高的品种（红地球、里扎马特、新雅、圣诞玫瑰

修整花序前　　　　　　　　　　　　　　修整花序后

图 3-106　留穗尖法修整花序

等），在谢花时留穗尖12厘米，或花前一周左右先剪去全穗长1/5～1/4的穗尖，初花期剪去过大、过长的副穗和歧肩，然后根据穗重指标，结合花序轴上分枝情况，采取长的剪短、紧的"隔2去1"（即从花序基部向前端每间隔2个分枝剪去1个分枝）的方法，疏开果粒，减少穗重，达到整形要求（图3-107）。

修整前（虚线为修剪位置）　　　　　　　　修整后

图 3-107　大穗形果穗修整花序

（3）拉长花序。生产上，只有个别葡萄品种需要进行拉长花序，如夏黑及其芽变品种早夏无核、早夏香（图3-108）。另外，醉金香果梗较短，也可以进行拉长。切记阳光玫瑰葡萄不要进行拉长花序，否则，果穗松散，商品性差。

图3-108　夏黑葡萄拉长花序前（左）后（右）

葡萄品种是否适宜拉长花穗具体见表3-7。

表3-7　葡萄品种是否适宜拉长花穗

品种	是否适宜拉穗	情况
夏黑、早夏无核	适宜拉穗	拉长花序、减轻疏果用工
金星无核、寒香蜜、无核鸡心白	适宜拉穗	拉长花序、增大幼果间距
红巴拉多、A09、红地球、黑巴拉多	不宜拉穗	易产生小青粒
红宝石无核	慎拉穗	易裂果
巨峰、阳光玫瑰	慎拉穗	坐果性能不好

花序拉长适宜时间：花序初分离时拉穗，约见花前15天，花序长度7～12厘米（平均10厘米）时。拉穗选择在连续的晴天进行，如果正值低温阴雨，

可适当推迟。拉穗不易过晚，最晚要在见花前7天完成。

花序拉长使用植物生长调节剂浓度：葡萄拉长花序使用的植物生长调节剂浓度因品种而异，生产上常见的夏黑葡萄适宜拉长花序的浓度为5～10毫克/升赤霉素，若环境温度较低，可适当增大浓度。

拉长花序注意事项：

①拉长花序要与肥水管理相结合。使用植物生长调节剂拉长花序前后，要配合施肥灌水，才能达到理想效果。建议在拉长花序前后，最好在拉长花序前，追施速效性高氮肥结合腐殖酸类有机水溶肥，然后灌足大水。切记花前不要频繁灌水，以免影响地温。叶面也可喷施海藻酸类、钙肥等微量元素肥。

②拉长花序与摘心、修整花序相结合。拉长花序前后要配合摘心，可在花序上2～3片叶左右摘心，摘心处叶片应为正常叶片的1/3大小。拉长花序前去掉花序上端3～4个花序分枝，不掐花序尖部，使养分更集中。如果花序拉得太长，可剪去花序尖部。

③拉长花序与病害防治相结合。拉长花序的时期常有葡萄灰霉病、穗轴褐枯病的发生，拉长花序时一穗挨一穗的蘸花会造成病害的传染。花序拉长后，花序分枝距离变大，如果遭受灰霉病危害，分枝脱落，后期果穗会出现空档。所以拉长花序的药液中可以加入嘧霉胺、咯菌腈、啶酰菌胺、腐霉利等预防灰霉病的杀菌剂。

（4）促进坐果。葡萄的自花授粉坐果率因品种不同而有较大差异。一般情况下，盛花后2～3天开始生理落果，生理落果高峰多在盛花后4～8天。生理落果的轻重取决于品种的特性、花期气候条件及栽培技术状况。生产上可通过以下途径来减轻生理落果，提高坐果率：

①提高树体储藏营养水平，保持中庸健壮的树势，树势过强或过弱，均不利于坐果。要通过合理的肥水管理，适当的冬夏季修剪，培养中庸健壮的树势，使树体储藏营养达到较高水平。

②适时进行结果枝摘心和副梢处理。对结果枝摘心及控制副梢生长，可使花序在开花坐果的关键时期得到较多的营养，从而提高坐果率。

③花期喷硼可提高坐果率。

④花前摘心和喷施植物生长抑制剂控制新梢、副梢生长。花前10天喷50%矮壮素500~1 000毫克/升+0.3%硼砂，隔7天再喷一次。

⑤环剥保花。对于夏黑、巨玫瑰、巨峰、醉金香等坐果不良、树势强旺的品种，在开花前一周环剥、环切结果母枝或主蔓、主干，可以促进坐果。

（5）保花保果及膨大处理。对于自然坐果差的品种，开花期应用赤霉酸等进行保花保果处理。不同葡萄品种的处理时期和浓度略有差异（图3–109）。

夏黑葡萄的无核及保果处理时期为盛花末期，浓度为25~50毫克/升赤霉酸浸蘸花穗诱导无核及保果；无核化处理后12~15天用（25~50）毫克/升赤霉酸+（3~5）毫克/升氯吡脲进行膨大处理（图3–110）。

图3-109　保花保果处理　　　　　　图3-110　夏黑葡萄保果后

阳光玫瑰葡萄无核及保果处理时期为花满开后0~3天，浓度为（20~25）毫克/升赤霉酸+（2~3）毫克/升氯吡脲浸蘸花穗诱导无核化及保果；无核化处理后12~15天用（20~25）毫克/升赤霉酸+（3~5）毫克/升氯吡脲进行膨大处理（图3–111、图3–112）。

巨峰系葡萄无核及保果处理时期为盛花后2~3天，用12.5~25毫克/升赤霉酸处理诱导无核，促进坐果，第一次处理后12~15天后用25毫克/升赤霉酸+（2~5）毫克/升氯吡脲进行膨大处理，需要注意的是具体到每个品种需

开花前　　　　　　初花期　　　　　　盛花期　　　　　盛花后3天

图3-111　阳光玫瑰葡萄花期不同阶段

图3-112　阳光玫瑰葡萄保果后

要适当调整生长调节剂的浓度才能达到更好效果，如巨峰葡萄第一次处理用12.5毫克/升赤霉酸进行保花保果处理；醉金香葡萄第一次处理用20毫克/升赤霉酸；京亚葡萄落花落果严重，第一次处理可以使用25毫克/升赤霉酸+2毫克/升氯吡脲（图3-113、图3-114）。

保花保果处理注意事项：

①避免在温度过高或过低的不良天气作业。晴天高温天气，建议在上午11时前、下午5时后进行。

②花前进行摘心，控制营养生长，促进坐果；新梢摘心，能抑制延长生

图 3-113 巨峰葡萄保果后 　　　图 3-114 巨玫瑰葡萄自然
　　　　　　　　　　　　　　　坐果后花帽不易掉落

长，使养分流向花序，开花整齐，坐果率提高，叶片和芽肥大，花芽分化良好。结果枝摘心在开花前3~5天或初花期进行，强壮新梢在第一个花序以上留5~7片叶摘心，中庸新梢在第一花序以上留3~4片叶摘心，细弱新梢疏除花序以后，暂时不摘心，可按营养新梢管理方法摘心。

　　③土壤干燥时，易产生副作用。保果处理前后，应及时灌水，保持土壤湿润。

　　④用量极少时，应先放入盛有水的容器中稀释，搅拌均匀后，再倒入大量水中充分稀释。

　　⑤最好浸泡处理，若采用喷雾则存在不均匀现象，效果不佳。另外，喷雾到叶片及冬芽时，易引起叶片过快生长，影响花芽分化。

　　⑥坐果处理时，若加入其他药剂，由于花序上着药量较大，为避免药害，药剂用量应比正常使用量减少。

　　⑦相同的植物生长调节剂浓度，旺树的果粒会更大，颜色会变淡。通过摘心等措施，在确保能坐住果的基础上，应适当降低使用浓度。

　　（6）疏粒。疏粒在坐果后果粒大小分明时进行，通过疏粒使果穗大小达到符合要求的标准果穗。疏粒时，首先把畸形果疏去，其次把小粒果疏去，个别突出的大粒果也要疏去。然后根据穗形要求，剪去穗轴基部4~8个分枝及中间过密的支轴和每支轴上过多的果粒，并疏除部分穗尖的果粒。如小穗型阳光玫瑰葡萄每穗保留40~50粒，单粒重达15克左右，平均穗重600~700克；收购商近年来对优质阳光玫瑰葡萄的收购要求是果粒60~80粒，单粒重12克以上，穗重750~1 000克。夏黑葡萄一般每穗保留60粒左右，单粒重8克左右，单穗重500~600克。巨峰葡萄一般每穗保留50粒左右，单粒重达12克左右，平均穗重500克左右。红地球品种小果穗保留40~50粒，中果穗保留50~60粒，大果穗保留60~80粒，平均粒重12克，保证小果穗500克左右，中果穗750克左右，大果穗1 000克左右。使果穗成熟时松紧适度、果粒大小整齐、着色均匀、外形美观，符合优质果的标准。

阳光玫瑰葡萄疏果步骤：

第一次疏果：定穗长，留单层果。阳光玫瑰葡萄使用赤霉酸等植物生长调节剂处理后，果穗最上部的分支会迅速拉长分离。因此，在保果处理一周内果粒坐稳后，根据目标穗重留穗尖9~12厘米，将上部过长的分枝剪掉，然后将基部有明显分层的支穗剪留成单层果粒，对于有分叉的穗尖，可以剪掉1个、保留1个长势比较顺畅的穗尖，也可以都剪掉，使果穗呈柱状（图3-115）。

疏单层果前　　　　　　　　疏单层果后

图3-115　阳光玫瑰葡萄第一次疏果留单层

　　第二次疏果：在保果一周后果粒大小似黄豆粒时进行，疏果时，首先剪去畸形果、小粒果和个别突出的大粒果；然后最顶端可保留部分朝上果粒，末端保留穗尖，以达到封穗效果；其余中部小穗去除向上、向下、向内生长的果粒，整体从上到下采用5-4-3-2-1的原则（果穗最上层2～3个小穗保留5粒果；再往下4个小穗保留4粒果；再往下5～6个小穗保留3粒果；最下端着生1～2粒果的小穗不动）。疏果完毕后，整个果穗类似中空的圆柱体。对于留果量不同的果穗，每个支穗上的留果量可参考图3-116，最终使整个果穗上的果粒分布均匀、松紧适度。

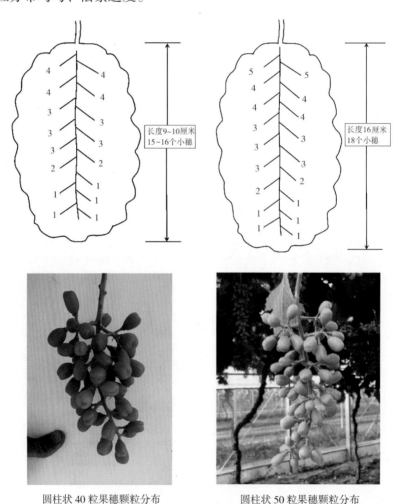

圆柱状40粒果穗颗粒分布　　　　圆柱状50粒果穗颗粒分布

图3-116　不同粒数阳光玫瑰葡萄果穗果粒分布

圆柱状 60 粒果穗颗粒分布　　　　圆柱状 70 粒果穗颗粒分布

图3-116　不同粒数阳光玫瑰葡萄果穗果粒分布（续）

　　第三次疏果：套袋前进行最后一次疏果，主要是去除僵果及凸出的果粒，最终确定标准穗形，随后套袋。

　　夏黑葡萄疏果原则：去除病果、虫果、畸形果和着生紧密的内膛果，疏果后要使果粒分布均匀、松紧适度，果粒大小基本一致（图3-117）。

　　对于紧密果穗，可以采用"钻龙法"疏果。如因保果后坐果量大、疏果晚等因素造成果穗果粒着生紧密，没有空隙，无法下剪时，可以从果穗尖端沿穗轴从下到上"钻"上来，一般"钻"2～3列，果穗已经松散，然后再剪掉有伤口或过密部位的个别果粒，这样既省工省时，也能疏出良好的穗形（图3-118）。

图 3-117　夏黑葡萄疏果前（左）后（右）

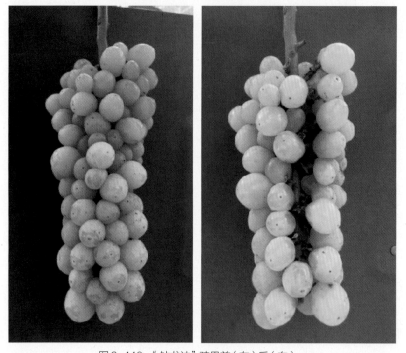

图 3-118　"钻龙法"疏果前（左）后（右）

对于以红地球为代表的伞状果穗，首先去除基部3~4个支穗，保留穗长15厘米左右，然后去除基部较长支穗的1/3左右，使果穗呈圆锥状，成熟期穗重750克左右（图3-119）。

图 3-119 伞状果穗疏果前（左）后（右）

需要注意的是疏果工作在坐果稳定后越早进行疏粒越好，不仅疏果省力，而且果粒能充分膨大。不能过早疏果，疏早了不易辨别出大小果和是否是真正受精果，易造成减产；疏得太晚，果粒大，浪费养分。

葡萄花果管理常见问题及解决方案：

问题1：花穗卷曲、穗轴畸形（图3-120）。

导致花穗卷曲、穗轴畸形的因素主要包括以下几个方面：①品种不

图 3-120 花穗卷曲、穗轴畸形

适宜处理,如红宝石无核拉穗后花序易扭曲。②树势偏弱,花穗弱小。③高温。④植物生长调节剂(如赤霉酸)使用浓度偏高,花期处理造成扭曲。⑤植物生长调节剂使用时期不当(花前或花期喷施赤霉酸易造成扭曲)。

主要解决方法:①培养壮树,强壮树体。②不适合拉穗的品种不拉穗。③掌握处理时期。无核处理最佳时期在花满开后0~3天。④避开高温时段处理和适当降低植物生长调节剂浓度。如阳光玫瑰无核化处理时期气温接近30℃,则赤霉酸浓度需下调,最好控制在20毫克/升以内,否则会造成果穗扭曲、落粒、松散等问题。

问题2:大小粒,小僵果(图3-121、图3-122)。

图3-121 大小粒 　　　　　　　　　　　　　　图3-122 小僵果

造成大小粒、僵果的因素包括品种、环境因素、处理浓度和方式、微量元素缺乏、树体条件等。如拉穗使用赤霉酸过晚,影响授粉,会产生小青粒;多数欧亚种品种拉长花序易产生大小粒;单用赤霉素无核保果处理容易产生大小粒;链霉素使用浓度过高容易产生大小粒和僵果;低温、阴雨等不良天气处理容易产生大小粒。

主要解决方法:①产量过高、果穗过大容易产生大小粒时,注意调控产量。②病毒病感染或树势衰弱容易产生大小粒时,对于病毒病严重的品种建议使用脱毒苗。③进行保果膨大处理,使果粒均匀一致。④缺硼、缺锌易产生大小粒，因此，要平衡施肥，加强肥水管理。⑤促进花期一致。幼树、促成栽培、坐果不稳的适当轻剪穗尖。⑥注意生长调节剂产品的选择及使用浓度和时间。

问题 3：坐不住果，落粒，断层（图3-123）。

设施内弱树经常出现整株黄化、落花落果等现象。造成这些现象的因素很多，如低温、降雨、日照不足、高温干旱、氮肥过多、药害损害柱头不能受精、病菌感染等均能造成落果。另外，温度高时，处理药剂主要以赤霉酸为主，或单独使用链霉素处理，也会对坐果造成负面影响。

图 3-123 坐不住果，落粒，断层

主要解决方法：①花穗整形，在花前 2~3 天进行花序整形。②无核化处理不当常造成花穗稀松，无核化处理时期应尽量在盛花末期以后。③单用赤霉酸保果效果差，应适当添加氯吡脲等药剂进行混配。以阳光玫瑰葡萄品种为例，其无核保果剂推荐配方为（20~25）毫克/升赤霉酸+（2~3）毫克/升氯吡脲，膨大配方为（20~25）毫克/升赤霉酸+（3~5）毫克/升氯吡脲。④适时进行保果。保果在谢花后 0~3 天内进行，第 5 天以后，基本起不到保果作用。⑤无核、保果的生长调节剂浓度要适量，浓度过高，会造成穗轴硬、果梗硬、副作用大、果实品质下降、容易掉粒等现象。

问题 4：植物生长调节剂浓度不适宜，导致坐果多、疏果难（图3-124）。

图 3-124 坐果多

一些特定的品种，如夏黑等，会出现坐果太多的问题，给生产造成极大的不便，疏果耗工费时。针对这个问题，推荐使用"钻龙法"进行疏果。同时要结合多项栽培管理手段，达到省工高效、提质增收的目的。

主要解决方法：①适时整理花穗，减少疏果用工。②适时进行保果。③无核、保果的调节剂浓度要适量。④早疏果，多次疏果。

问题5：如何提高植物生长调节剂的应用效果。

①确定最佳的使用时期，无核处理：第一次为花满开后0～3天；第二次为第一次处理后12～15天。

②严格掌握用药浓度，不同品种使用浓度不同，参考保花保果浓度。

③选用成熟配方或专用产品。

④配制时可以与展着剂、渗透剂、有机硅混用。

⑤根据气候环境和产品特性，灵活应用。

温度：温度高低会影响药液的渗透性和植物体内的运转速度，一般药效随温度升高而增加，随温度降低而减弱。如高温情况下，无核处理应适当降低赤霉素的浓度。

光照：光照强烈，药效增强。

湿度：湿度较大，药效增强。

如果花期温度高，湿度小，尤其是白天气温持续高于30℃，或者遭遇干热风，则有可能出现花序边开花边落粒的情况。

⑥配套栽培技术。

树势要求：加强管理，培养健壮树势，树势健壮可充分发挥调节剂效果，弱树影响效果。

花序整形：见花前后1周之内进行花序整形，只留穗尖6～8厘米。

适时摘心：开花前在花上3～4叶轻摘心，抑制新梢旺长。

合理施肥：无核、膨大处理之后要及时补充肥水，日常管理中强化有机肥、磷钾肥和钙肥等矿物肥的施用，每亩施入3吨以上优质有机肥。

2.新梢管理　根据树形，及时引缚新梢，摘心，培养长势一致的新梢，方便今后管理操作。

（1）新梢摘心。葡萄枝蔓在开花前正处于快速生长期，此时消耗大量的营养，影响花器官的进一步分化和花序的生长，加重落花落果。通过花前摘心暂时抑制顶端优势，使营养较多地流向花序，促进花序的发育，提高坐果率。

结果枝的摘心因品种而异。对于坐果较差的欧美杂种最适宜的摘心时间应在开花前3～5天至初花期进行，方法为在花序上面留4～5片叶摘心，摘心处所留叶片约为正常叶片大小的1/2。也可进行两次摘心，一次在花前10天左右，花序以上留2～3片叶摘心；一次在见花期进行，将顶端所留副梢留一叶或直接抹除，对于提高坐果有明显的效果。对于坐果性好的欧亚种来说，于花前4～5天对结果枝花序以上留2～3片叶进行摘心有利于基部芽眼的花芽分化（图3–125）。

图 3-125　结果枝摘心

营养枝的摘心主要是控制生长长度，促进花芽分化，增加枝蔓粗度，加速木质化。对于营养枝的摘心根据长势而定。对于长势很强的新梢，可采用培养副梢结果的方法分次摘心，第一次于主梢长到8～10片叶时留5～6片叶摘心，促进副梢萌发。保留顶端副梢向前生长，其余副梢全部抹除，当顶端副梢长到5～6片叶时，留3～4片叶摘心。之后继续保留顶端副梢生长和留3～4片叶反复摘心，其余副梢全部抹除。对于长势中庸健壮的新梢，留7～8片叶进行摘心，促进主梢加粗生长和花芽分化。对于生长纤细的主梢，可适当多留叶片再进行摘心，如8～10片叶，以促进主梢加粗生长。对于冬芽不易萌发的品种（如京亚、巨峰等）和生长势强且冬芽易萌发的品种（如美人指、克瑞森无核等），新梢只要不超过架面就不用进行摘心，只需在新梢生长超过架面一定长度后，再进行摘心即可。

（2）副梢摘心。结果枝上的副梢处理习惯上采取留顶端1个副梢留3～4

片叶反复摘心，果穗以下副梢抹除，果穗以上副梢留1片叶绝后摘心，此方法适用于幼龄结果树。对于成龄结果树，可按省工法进行，主梢摘心后保留顶端1个副梢延长生长，此副梢留4～6片叶摘心，其上发出的二次副梢，只留先端1个副梢留3～4片叶摘心，其他二次副梢除去，对于先端二次副梢上再发出的各级副梢全部除去。对于主梢叶腋发出的其他一级副梢在摘心后3～5天全部除去，不需要再反复处理各级副梢，减少管理用工，而且利于通风透光。对于易发生日灼的品种，可以保留花序对面及上下叶片的副梢，采用留1～2片叶绝后摘心的方法，减少日灼的发生（图3-126、图3-127）。

图3-126 结果枝中部叶片副梢全部抹除

图3-127 结果枝中部叶片副梢留1叶绝后摘心

营养枝上的副梢可按结果枝上副梢处理的省工法进行。主、侧蔓上的延长梢的副梢可按照营养枝的摘心方法进行。

（3）除卷须。卷须是个浪费营养的器官，而且扰乱架面，必须及时摘除，以减少不必要的营养消耗。如有时间可以专门安排人员及时摘除可见的卷须，若没有时间可结合摘心工作捎带摘除（图3-128）。

图3-128 除卷须

3.土肥水管理

（1）中耕。中耕可以改善土壤表层的通气状况，促进土壤微生物活动，同时，可以防止杂草丛生，减少病虫为害。葡萄园生长季节要进行多次中耕。规模较大的果园可采用小型旋耕机中耕（图3-129）。

（2）花前喷肥。葡萄在开花期容易缺少硼素，缺硼会影响花芽分化、花粉发育和萌发，因此，在开花期结合病虫害防治加施0.02%～0.05%硼酸或

图3-129 中耕

硼砂溶液叶面喷布。

（3）追施膨果肥。在果实膨大期需要追施一次膨果肥，每亩追施氮磷钾复合肥30千克。建议采用水肥一体化方式进行施肥，若采用穴施法，施肥后应立即灌水，以利于果实正常膨大。

（4）水分管理。花期灌水会造成枝叶徒长，过多消耗树体营养，影响开花结果，因此，从初花到谢花期的10～15天内，应停止灌水。但是遇到高温干旱年份，应少量灌水。另外，不同葡萄品种坐果对湿度敏感不一，夏黑葡萄花期需要严格控水，而阳光玫瑰葡萄可以少量灌水，保持土壤相对湿润。

葡萄坐稳果后进入快速膨大期，此时需要充足的水分供应促进果实膨大，因此，应及时灌水，保持土壤相对湿度在70%以上。

4.病虫害防治 此时期是病虫害防治的关键时期，是各种病虫害陆续出蛰和病害数量的积累阶段。

花序展露期到花序分离期：防治灰霉病、炭疽病、霜霉病、穗轴褐枯病等病害，可使用30%保倍福美双800倍液+20%腐霉利500倍液+21%保倍硼

2 000倍液+锌硼氨基酸300倍液+10%吡虫啉1 500倍液喷施。

花序分离期到开花前：防治花期霜霉病和灰霉病（图3-130），兼顾透翅蛾、金龟子等害虫，可使用25%吡唑醚菌酯2 000倍液+20%咯菌腈3 000倍液+40%金科克1 000倍+22.4%螺虫乙酯4 000倍液喷施。

5月下旬，喷施波尔多液叶面保护剂1次，预防霜霉病。

关于葡萄灰霉病的防控，目前还存在以下问题：①灰霉病属低温高湿

图3-130　葡萄花序灰霉病

型病害，发生后用药，部分灰霉病菌得到控制铲除，但同时由于喷药，空气中湿度加大，未喷药的病菌孢子发生与传播速度反而会更强。这就要求我们用药时，一方面要以预防、保护为主，另一方面要注意用药的精准性与处理浓度。②灰霉病菌几乎在所有作物上都可以潜伏侵染，因此，病菌的变异性很强，常规药剂的抗药性表现明显，尤其是嘧霉胺等药剂，目前对葡萄灰霉病的防治有效性明显降低。因此，新型化合物的使用和精准施药，对防控灰霉病非常必要。40%咯菌腈悬浮剂、40%嘧霉胺·咯菌腈悬浮剂对葡萄灰霉病的防控有效性可达90%以上，且安全无抗性。③对灰霉病的防治：前期可用40%咯菌腈悬浮剂3 000～4 000倍液或40%嘧霉胺·咯菌腈悬浮剂1 500～2 000倍液+45%唑醚·甲硫灵1 500倍液进行全园喷雾，预防和控制灰霉病的发生。为提高花序安全性，也可用40%咯菌腈悬浮剂4 000倍液配合调节剂处理浸蘸花序。

5.绿枝嫁接更新品种 对于想更新品种的园区，可以采用绿枝嫁接的方法更新葡萄品种。

（1）嫁接时间。选择在无风的阴天进行。砧木和接穗的枝条均达到半木质化程度，枝条太嫩或太成熟都会影响成活率。

（2）接穗采集。采接穗前一周用多菌灵进行杀菌消毒，在砧木新梢茎粗达到0.8厘米时进行。最好是就近采穗，随采随接，利于成活。若从外地采穗，将绿枝接穗去掉叶片，用湿毛巾和薄膜包严，以防水分丢失。选择嫩绿状态的砧穗，以确保嫁接后成活。

（3）嫁接方法。葡萄绿枝嫁接主要采用劈接法。①剪砧。以直径为1厘米的枝条为宜。在靠近枝条基部2~4节，剪口处距离剪口芽约4厘米的位置平剪。保留叶片，去掉叶腋间的芽眼。②削穗。选择与砧木粗度和成熟度相近的接穗，将枝条平剪成长4~5厘米，并留有1个芽子的小枝段。要求芽的上端留1~1.5厘米、下端留3~4厘米。用刀片在距离芽下端约1厘米处的两侧，各向下削2.5~3厘米长的楔形斜面切口，要求削面对称均匀，削口平整光滑。③劈接。用刀片朝砧木断面中间垂直向下劈开3厘米长的切口，劈口略长于接穗斜面长度，然后将削好的接穗插入砧木切口中。注意砧木与接穗间的形成层必须有一侧要对齐，然后接穗削面上需露白0.2~0.3厘米，这样有利于愈伤组织的形成。④缚膜包扎。用薄膜条自下而上沿砧木切口位置至接穗顶端缠紧、扎严，然后自上而下回绑、包严、扎紧，只露出接穗芽即可（图3–131、图3–132）。

（4）嫁接后的管理。①检查嫁接成活情况。嫁接完成后，立即给砧木灌透水。大约7天后，发现接穗上的叶柄一触即落，表明嫁接成活。未成活的应立即补接。②及时抹芽。砧木叶腋间萌发出的副梢和根砧上的萌蘖芽要及时抹除，有利于养分集中到接穗上来，提高接穗的成活率。③立杆引缚、摘心、去卷须。接穗展叶抽梢长至20厘米时，要及时立杆引缚，防止风吹倒伏。枝条长有7~9片叶时要及时摘心，使枝条粗壮，促进成熟。对叶腋间抽生的副梢，除顶端副梢外，其余留1片叶摘心，同时要及时去掉枝条上的卷须和花序。④除草施肥。铲除园区杂草后，前期根施适量的含氮为主的肥料；

图 3-131 绿枝嫁接（接穗插入砧木劈口，
对齐一侧形成层）

图 3-132　绿枝嫁接（缚膜包扎）

后期即接穗展叶 5 ~ 6 片时，每隔10 ~ 20天喷施1次0.2%的磷酸二氢钾叶面肥。⑤及时预防霜霉病、斜纹夜蛾等病虫害。⑥解膜。第二年萌芽前，用刀片轻轻划破薄膜即可。

（六）6月份葡萄管理

6月份为葡萄幼果快速膨大期（图3-133），地下部长出大量的新根，以利于吸收土壤中的水分和养分。从终花期到浆果开始着色为止。一般早熟品种为35 ~ 60天，中熟品种为60 ~ 80天，晚熟品种为80 ~ 90天。

1.疏果　上月未完成疏果作业的可在本月继续进行，方法同上。

2.预防日灼病　日灼病，也叫日烧病，是一种生理性病害，果实、叶

图 3-133　葡萄幼果快速膨大期

片、卷须上均会发生。果实发生日灼时，果面上生淡褐色近圆形斑，边缘不明显，果实表面先皱缩后逐渐凹陷，严重的果穗变为干果（图3-134、图3-135），果实日灼病发病特点如下：

（1）发生时期。幼果快速膨大期，6月上旬至中旬，高温年份5月底也会发生，此时果实内水分含量较高，其他内容物含量较少，遇到烈日暴晒或高

图 3-134　甜蜜蓝宝石葡萄日灼病　　　　　图 3-135　阳光玫瑰葡萄日灼病

温容易灼伤。

（2）发生条件。果实缺少遮蔽受到烈日暴晒，果面温度过高，导致果皮灼伤失水形成褐色斑；或者叶片和果实争夺水分，使果粒局部失水，受高温灼伤。

（3）发病规律。一般地下水位高，排水不良的果园发病重；果园密闭，不通风的地块发病重；果穗上叶片少，没有遮挡，阳光直射果面易发病；果皮薄的品种比果皮厚的品种发病重，如阳光玫瑰、美人指、红地球等发病较重。

防治措施主要有以下几种：①适时、合适摘心，夏剪时通过果穗对面及上、下位置留2～3片副梢叶，达到以叶遮果的目的（图3-136）。②及时灌溉，降低地温。③果园生草，降低温度。④搭建遮阳网，防止强光直射果实（图

图 3-136　果穗对面及上、下叶片
留 2～3 片副梢叶

3-137、图3-138）。⑤采用棚架栽培，提高结果部位，增加通风，减少篱架或"V"形架栽培。⑥避开高温疏果，减少机械损伤果皮。⑦喷肥降温，在阴雨过后的高温天气，在叶面和果穗上喷布0.2%磷酸二氢钾等，起到降温补肥作用。⑧秋季深翻改土，增施有机肥，保持土壤疏松，增加其保水性能，同时避免过多施用速效氮肥。

3.套袋前果穗处理　套袋前必须对果穗进行药剂处理，可选择浸穗或用

图 3-137　侧面搭建遮阳网

图 3-138　顶部搭建遮阳网

喷雾器进行均匀喷施药液，建议采用浸穗方法，保证每个果粒都能均匀浸到药剂。选择处理果穗药剂的标准是要能够同时兼治多种果实病害和虫害，且对果实安全无药害，药效期长。可选用的药剂有嘧菌酯等。药液晾干后及时套袋。需要注意的是用药液浸穗后最好用手轻轻抖动果穗使过多的药液从果粒上滑落，以免产生药害（图3-139）。

套袋前用药应注意以下几点：

（1）不要用乳油类药剂，因为大多数乳油类药剂会影响果粉的形成，因此套袋前不建议使用乳油类药剂。

（2）不要用粉剂类药剂，因为大多数粉剂类药剂细度差，容易在果面上形成药斑。

图 3-139　药害

（3）尽量不要使用三唑类杀菌剂，因为这种药剂会抑制果粒膨大，如丙环唑、戊唑醇、己唑醇、腈菌唑等。

（4）要用防治病害种类多的药，减少混用的药剂种类，避免因为药剂混用而可能产生的化学反应。目前市场上的药剂中甲氧基丙烯酸酯类的杀菌剂是防治病害种类最多的药剂，如嘧菌酯、苯甲·嘧菌酯等药物。

（5）要用药效期长的药剂，此次用药需要坚持到摘袋，市场上有效期较长的药剂还是甲氧基丙烯酸酯类的杀菌剂。

4.套袋 葡萄套袋具有改善果面光洁度、提高着色、预防病虫害、减少农药使用次数、降低果实中农药残留及鸟类为害等优点，作为绿色、有机果品生产的一项重要技术措施，已经在葡萄生产上得到广泛应用（图3-140）。

果袋的选择要根据葡萄品种、栽培方式、架式来定。对于巨峰等散射光

图 3-140 葡萄套袋

着色品种，选择白色普通纸袋即可；对于克瑞森无核、新雅等直射光着色品种，选择透光性好又防日灼的果袋，最好在果实成熟期进行摘袋促进果实着色；对于容易发生日灼和果锈的阳光玫瑰葡萄品种，应选择绿色或蓝色果袋（图3-141）。保护地栽培、避雨栽培和棚架栽培等光照强度减弱，果实不易着色，但日灼轻，可以选择透光性好的果袋。

套袋时期要尽可能早，一般在果穗疏粒结束后进行。套袋时阴天可全天

绿色果袋　　　　　　　　渐变色果袋　　　　　　　　蓝色果袋

图3-141　黄绿色葡萄品种防果锈病果袋

进行，晴天最好于上午10时以前和下午4时以后进行，避免中午高温引起气灼病。阴雨天不要进行套袋，因为此时套袋会造成果袋内湿度过大，容易发生病害。

套袋方法：用一只手撑开袋口，使果袋整个鼓起来，用另一只手托住果袋的底部，使果袋底部两侧的通气排水口张开，袋体膨起，然后将果袋从下向上拉起，果柄放在果袋上方的切口处。使果穗位于果袋的中央，然后将袋口用铁丝绑紧，避免雨水流入。

5.土肥水管理

（1）中耕除草。如果葡萄园未进行地膜覆盖，视土壤板结及杂草生长情况进行中耕除草，深度为5~10厘米。清除的杂草可覆盖于行间，既可降温、保湿，又可增加土壤有机质及有效磷、钾、镁的含量，改善土壤结构。

（2）养分管理。6月是葡萄幼果第一次膨大的关键时期。膨果期是葡萄整个生育期最需要营养物质的时期，是养分最大吸收期。施肥不仅影响产量，而且影响果实品质。膨果期施肥一定要注意钾肥的施用，葡萄膨果经过两次，第一次膨果主要是果皮细胞的分裂，因此着重补磷、钙、锌，促进细胞分裂，增加细胞间紧密度，有利于种子发育；这个时期施用复合肥（$N：P_2O_5：K_2O$养分含量为15：15：15或17：17：17）15~20千克/亩，配合硫酸钾10~15千克/亩，结合喷施0.3%磷酸二氢钾叶面肥，每7~10天喷施一次，喷2~3次。同时，葡萄套袋后，每隔15天伴随喷药喷施0.2%~0.3%磷酸

二氢钾，连续喷施3~4遍，对提高果实品质效果明显。

（3）水分管理。此时期为葡萄需水临界期，适宜的土壤湿度为田间持水量的75%~85%，因此，应定期进行灌水，促进果实快速膨大生长。

6.病虫害防治 落花后，重点防治黑痘病、炭疽病、白腐病和透翅蛾等。降水多时，霜霉病和灰霉病也是防治重点。干旱时，白粉病、红蜘蛛、毛毡病是防治重点（图3-142~图3-149）。

全园喷施铜制剂，如波尔多液、王铜、碱式硫酸铜等药液，并与50%烯酰吗啉水分散粒剂3 000倍液+戊唑醇5 000倍液、25%硅唑·咪鲜胺水乳剂800倍液、50%保倍福美双1 500倍液交替使用。若遇到降雨，应在雨前进行喷药降低病菌基数，雨后及时补喷杀灭病菌。

图3-142 葡萄霜霉病叶片正面

图3-143 葡萄霜霉病叶片背面

图3-144 白粉病

图3-145 白腐病

图 3-146 螨虫为害

图 3-147 蓟马为害

图 3-148 桃蛀螟为害

图 3-149 红蜘蛛为害

7.绿枝嫁接 方法同5月份绿枝嫁接部分。

（七）7月份葡萄管理

7月份为早熟葡萄品种成熟期，即从浆果开始着色至完全成熟的时期。晚熟葡萄品种进入软化期（绿色或黄色品种，如阳光玫瑰、金手指）和转色期（如新雅、美人指）（图3-150～图3-152）。

1.搭建防鸟网 果实套袋后及时搭建防鸟网，减少鸟类对果粒的啄食。选择网孔为1.5厘米×1.5厘米或2.5厘米×2.5厘米的鸟网覆盖整个葡萄生产区或者覆盖没有塑料薄膜覆盖的露天设施部分（包括大棚和避雨棚的四周、通风口等）（图3-153、图3-154）。

2.新梢管理 新梢顶部副梢留2～3片叶反复摘心，其余副梢均留1片叶绝后摘心或直接抹除。棚架栽培相邻两个结果蔓上新梢的顶部副梢交叉后直接

图 3-150　夏黑葡萄从转色到成熟

图 3-151　新雅葡萄进入转色期　　图 3-152　阳光玫瑰葡萄进入软化期

图 3-153　避雨栽培搭建防鸟网　　　图 3-154　连栋大棚搭建防鸟网

从交叉位置剪掉副梢；"V"形架的顶部副梢高度保留到最上部钢丝处；高宽垂架式顶部副梢保留到离地面30厘米左右，保证每个新梢（结果枝）上的叶片达到15~20片。及时绑梢和剪掉卷须，促进枝蔓生长。及时清除病叶、病枝和病果。

3.土肥水管理

（1）中耕除草。视土壤板结及杂草生长情况进行中耕除草，深度为5~10厘米。

（2）施肥管理。7月份施肥也是葡萄生产中的重要环节，是多数葡萄品种转色及二次膨大的关键时期。此时施肥可提高果实糖分，改善浆果品质，促进新梢成熟。肥料以磷钾肥为主，一定注意钾肥的施用。葡萄第二次膨果主要是去酸增糖，促进产量形成，要注意补磷、钾、镁肥等，其中镁肥有利于减少黄叶、增加干物质的形成。此时期施用复合肥（$N：P_2O_5：K_2O$）的养分含量为15：15：15或17：17：17，标准为每亩15~20千克，配合硫酸钾15~20千克/亩的量施入。方法为距离主干50厘米左右挖浅沟施入并覆土灌溉，或者随灌溉水施入水溶肥。

（3）叶面施肥。结合病虫害防治，叶面喷施一些钙、镁、锌、硼等叶面肥。

（4）水分管理。7月份正值葡萄进入第二次果实膨大期，果实发育与花芽分化同步进行，需要大量的碳水化合物和水分，是水分"临界期"，适宜的土壤相对湿度为70%。水分不足，果粒长不大；水分过多，会发生裂果，引起新梢旺长，影响后期果实的着色和根系生长。早熟葡萄品种此时期要适当控水，以促进果实糖分积累，加速成熟。若遇到连续高温天气或设施大棚栽培，视土壤干旱程度进行少量多次灌水；若遇到连雨天，应及时进行排水，防止裂果。中晚熟品种要适当灌水，促进果实生长。

①灌水。葡萄第二次膨大期正是葡萄需水的高峰期，灌水一定要及时，此时缺水对果粒膨大、葡萄叶片生理指标、果实生长发育和产量均会产生极其不利的影响，在生产实践中应予以避免。北方的7月已经进入雨季，但因年份不同降雨分布存在差异，降雨少、降雨量小的地区，以及采用避雨栽培的园区

要进行灌溉。灌水时一定要掌握时间，最好在早上或者傍晚；同时注意，葡萄园里不要囤水，以免高温造成水分的大量蒸发，加大空气湿度。如果灌水量过大，葡萄果实的糖度会显著降低，品质低劣，且易出现裂果等现象。

②葡萄园积水的管理措施。进入雨季，葡萄园容易积水，对于降雨量大的地区，葡萄园管理应以预防为主。一是可以因地制宜修建水利设施，加大水利设施投入，健全排水系统；二是建立雨涝实时监测、预警系统；三是暴雨积水前控产、中后期控氮栽培可以减少积水对葡萄树体的影响。葡萄园地积水应抓紧排水，越早越好。水肥一体化设施中应适当减少水的投入量，避免对果园造成伤害。

葡萄园积水后根系易受损伤，吸收肥水能力降低，不宜施用化肥，避免化肥伤根促使死树。可以使用叶面喷肥，对树体补充营养，增强树体的抗逆能力。待树体恢复之后，土壤含水量降低，施肥量按原计划施入，以促进根系和果实的生长，不必增加用量。

4.促进果实着色

（1）环剥促进着色。部分着色不良的品种此时期可通过环剥主干3～5毫米的方法，阻拦水分和营养物质运输，达到促进着色、提高果实含糖量的目的。环剥后，可用胶带将伤口包扎，以利于愈合。环剥时期为在果穗有部分果粒着色（黄绿色品种果粒变软）时进行。此方法在巨玫瑰等葡萄品种上比较常用（图3-155、图3-156）。

（2）铺设反光膜促进成熟。果实进入转色期后，可以通过地面铺设反

图3-155 主干环剥

图3-156 主干环剥后伤口愈合

光膜或反光布的方法增加光照强度，促使果实快速上色和提前成熟。同时使果穗受光均匀，避免"阴阳脸"的发生（图3-157～图3-159）。

（3）摘除老叶促进果实着色。对于部分着色较差的品种，在刚刚转

图 3-157　新雅葡萄"阴阳脸"

图 3-158　覆盖反光膜（每年更换一次）

图 3-159　覆盖反光布（可使用3～5年）

色的时候，可将基部老叶摘去3～4片，使果穗充分受光，快速转色（图3-160）。

（4）去袋着色。成熟前一周左右时间，也可以采取去掉果袋的方法，促进葡萄快速着色（图3-161）。

5.病虫害防治　此时期，重点防治霜霉病、炭疽病、黑痘病、灰霉病、

图 3-160 摘老叶

图 3-161 夏黑葡萄去袋

酸腐病、白腐病等（图 3-162~图 3-168），可以全园喷施一遍铜制剂，如 1：1：200 倍波尔多液或 77% 硫酸铜钙可湿性粉剂 600～800 倍液，并与 72% 霜脲氰 +25% 硅唑·咪鲜胺水乳剂 800 倍液、40% 氟硅唑 6 000~8 000 倍液或 25% 丙环唑 2 000～3 000 倍液交替使用。杀菌剂中加入黏着剂（如皮胶），可避免雨水冲刷。注意去袋葡萄不能再向果实喷药。

图 3-162 炭疽病

6. 预防裂果 葡萄裂果是果实水分剧烈变化的结果，葡萄果实在较长时

图 3-163 裂果、灰霉病

图 3-164 裂果、酸腐病

图 3-165 裂果、杂菌

图 3-166 裂果、曲霉、酸腐病

图 3-167 裂果、曲霉、白腐病

图 3-168 溃疡病

间的缺水条件下，果实水势降低，吸水能力增强。此时若突遇大雨或者灌大水，果实通过根系或果皮吸收大量水分，膨胀超过细胞最大张力，便会发生裂果（图3-169~图3-171）。

生产中，裂果通常发生在土壤板结、排水性差的葡萄园中。另外，裂果

图 3-169 七星女王葡萄果粒外侧裂果

图 3-170 无核翠宝葡萄靠近果蒂处环裂

图 3-171 夏黑葡萄纵裂

与品种特性也有关系，如无核翠宝、香妃、夏黑、七星女王、SP9715等品种容易裂果，而阳光玫瑰不容易裂果。

（1）引起果实裂果发生的原因。

①土壤含水量不稳定。葡萄果实生长前期土壤干旱，进入转色期后突降大雨或大水漫灌，土壤含水量大增。为防止因土壤水分骤增引起的裂果，应减小不同时期土壤干湿差，保证在果实生长的各个时期均衡供水。

②施肥不合理。生产上往往前期施肥量不足，后期为提高产量，大量施用氮肥，使果粒在转色期膨大过度，造成裂果。

③果皮厚度较薄。果皮厚度影响裂果，果皮偏薄时，裂果率增加。

④负载量不合理。留果穗过多，果穗过大，造成果粒之间互相挤压，增加裂果发生。

⑤植物生长调节剂使用不合理。葡萄果实的无核化、膨大、快速转色均可以通过使用植物生长调节剂来实现，但过量、过早地使用植物生长调节剂会引起果粒细胞的分裂和增大异常，造成裂果。

（2）防治葡萄裂果的主要措施。

①设施栽培。避雨设施不仅可以控制根系吸收过多水分，还可以避免叶片、果实吸收过多水分，从而有效地降低葡萄裂果发生。前期试验表明，在避雨栽培和大棚栽培条件下，葡萄裂果率从20%～60%降至1%～3%，显著低于露地栽培。

②科学施肥。葡萄生产要重视基肥施用。前期需要较多的氮素供应，幼果期对磷、钾肥的需求量很大，果实生长后期应多施钾肥，避免施单一的氮素肥料或含氮量高的肥料。同时，钙、硼等中微量元素也能增强果皮的延展性，减轻裂果，可采用叶面施肥的方式进行补充。

③合理灌溉。有条件的果园尽量使用滴灌或喷灌，容易做到多次少量灌水，使土壤水分保持稳定。天气干旱时，灌小水，勤灌水。坐果后，多灌水，每隔5天左右时间灌一次透水。着色前视土壤干旱程度适度灌溉，防止土壤干旱。成熟前遇到雨水要做到及时排水，也可以在葡萄近成熟时行间覆地膜，既可防旱，又可排涝，还可防止病菌滋生。早熟品种采收结束后进行一次充分灌水，恢复树势生长。

④合理留果和疏果。保持叶果比为（15～20）∶1，避免叶片过少，增强叶片调节水分的能力。健壮枝蔓留2穗果，中庸枝蔓留1穗果，长势弱的枝蔓不留果穗。及时除去副穗，果粒生长紧密的品种，要花前整穗，当果粒长至黄豆粒大小时疏果，使果穗大小适中，预防后期因相互挤压造成裂果。

⑤土壤补钙。树体缺钙制约果皮发育，造成后期裂果。对于缺钙的土

壤，可在秋施基肥或追施化肥时施入钙肥，如硝酸钙，一般每亩施入5~10千克。

⑥喷布稀土元素。喷布稀土元素一方面可以控制果实发育急剧变化，使果实发育处于相对稳定状态；另一方面有利于提高果实可溶性固形物含量，增加果皮厚度，减少裂果。

⑦预防自然灾害：遇大风、高温天气也会导致裂果。在大风、高温天气来临前灌水或喷水都可以达到降温的目的，减少裂果发生。

7.采收　对于温棚促早栽培和简易避雨栽培的早熟品种，7月中下旬果实开始进入成熟期。果实成熟后，需要及时采收销售或入库，以降低果实在田间的风险，上市果粒糖度必须超过16%。

果实采收在晴天的早晨露水干后进行，此时温度较低，浆果不易受热伤。切忌在采收前10天内灌水，或在雨后或炎热日照下采收，否则浆果容易发霉腐烂，不易储运。整个采收工作要做到"快、准、轻、稳"。"快"是采收、装箱、运送等环节要迅速，尽量保持葡萄的新鲜度；"准"是分级、下剪位置、剔除病虫果粒、称重等要准确无误；"轻"是轻拿轻放，尽量不摩擦果粉、不碰伤果皮、不碰掉果粒，保证果穗完整无损；"稳"是果穗采收时果穗拿稳，装箱时果穗放稳，运输储藏时果箱擦稳。

为了提高葡萄等级和商品档次，分级前必须对果穗进行修整，达到穗形整洁美观。修整果穗的方法是把果穗中的病、虫、青、小、残、畸形的果粒选出剪除，对超长、超宽和过分稀疏果穗进行适当分解修饰，美化穗形。葡萄分级的主要项目有果穗形状、大小和整齐度，果粒大小、形状和色泽，有无机械伤、药害、病虫害、裂果，可溶性固形物和总酸含量等。鲜食葡萄行业标准中，对所有等级的果穗基本要求是果穗完整、洁净、无病虫害、无异味、充分发育、不发霉、不腐烂和不干燥。对果粒的基本要求是果形正、充分发育、充分成熟、不落粒和果蒂部不皱皮。

葡萄包装容器应选择无毒、无异味、光滑、洁净、质轻、坚固、价廉、美观的材料制作葡萄鲜果包装容器。通常采用木条箱、泡沫箱、纸板箱和硬塑箱等。要求包装容器满足以下条件：①在码垛储藏和装卸运输过程中有足够的机械支撑强度。②具有一定的防潮性，防止吸水变形，降低支撑强度。③具有一定的通透性，利于葡萄呼吸散热和气体交换。④在外包装上印刷商标、品名、重量、等级及产地等。

葡萄是浆果，采收后应立即装箱，避免风吹日晒，否则易失水，易损伤，易污染。由于葡萄皮薄，柔软，不抗压，不抗震，对机械损伤很敏感，最好从田间采收到储运销售过程中只经历一次装箱包装，切忌多次翻倒、多次装箱、多次包装，否则每次翻倒都会引起严重的碰、拉、压等机械损伤，造成病菌侵入而霉烂（图3-172）。

（八）8月份葡萄管理

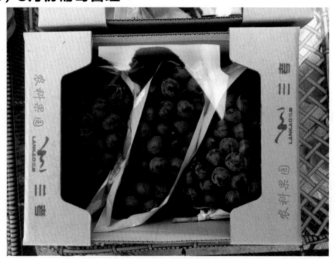

图3-172　采收包装

8月份是河南地区中熟葡萄品种和设施促早栽培晚熟葡萄品种陆续成熟的季节。此时期雨水较多，应认真做好果实的采收、销售、储藏保鲜以及葡萄园的抗旱、排涝、施肥、病虫害防治等工作。

1.预防裂果　方法同7月份。

2.枝蔓管理　继续处理副梢、绑蔓、去卷须，方法同7月份。对于中、晚熟葡萄品种，为了促进果实着色，可将贴近果穗遮光的老叶摘去，将果穗露出。

3.土肥水管理

（1）中耕除草。视土壤板结程度及杂草生长情况进行中耕除草。

（2）晚熟品种施肥。8月中下旬，在晚熟品种成熟前，增施磷、钾肥。每亩施磷肥50～100千克，钾肥30～50千克，浅沟施或穴施，施后及时灌水以防伤根，或以水溶肥的形式随灌溉水施入。也可用1%～2%草木灰浸出液或0.2%～0.3%磷酸二氢钾连喷2～3次，可提高浆果含糖量，促进上色和枝条成熟。

（3）水分管理。中、晚熟葡萄品种此时期应控制灌水，加强排水。若遇连续干旱天气，宜适当灌水抗旱。果实已经采收的早熟品种应及时灌水，恢复树势，促进根系在第二次生长高峰期的大量生长。

4.病虫害防治

此时期仍是霜霉病、炭疽病、白腐病、房枯病、灰霉病等病害的发生盛期，如果防治不当或不及时，常会造成严重损失，甚至导致有产无收，全园毁灭。

预防霜霉病：每隔15天左右全园喷施一遍铜制剂，如波尔多液、王铜、碱式硫酸铜等药。若遇到降雨，应在雨前进行喷药降低病菌基数，雨后及时补喷杀灭病菌。

5.采收

对于中熟葡萄品种，果实成熟后，需要及时采收，上市葡萄可溶性固形物含量必须超过18%，降低果实在田间的风险，及时销售或入库（图3-173～图3-176）。

阳光玫瑰葡萄果实质量等级（程大伟等，2018）如表3-8。

图 3-173 露地和避雨栽培夏黑葡萄成熟

图 3-174 金手指葡萄成熟

图3-175　设施促早栽培阳光玫瑰葡萄成熟　　图3-176　设施促早栽培新雅葡萄成熟

表3-8　阳光玫瑰葡萄果实质量等级

项目名称		等级		
		一级	二级	三级
感官	基本要求	果穗圆柱形，整齐，松紧适中，充分成熟。果面洁净，无异味，无非正常外来水分。果粒大小均匀，果形端正。果梗新鲜完整。果肉硬脆、香甜，具有玫瑰香味		
	果穗（粒）色泽	90%以上的果粒果面达到黄绿色或绿色		
	有明显瑕疵的果粒（粒/千克）	≤2		
	有机械伤害的果粒（粒/千克）	≤2		
	有二氧化硫伤害的果粒（粒/千克）	≤2		
理化性状	果穗质量（克）	600～900	500～1 000	<500，>1 000
	果粒质量（克）	≥12	≥10	<10
	可溶性固形物含量（%）	≥18	≥17	>17
	总酸（%）	≤0.5	≤0.6	≤0.6

　　注：明显瑕疵指影响葡萄果粒外观质量的果面缺陷，包括伤疤、日灼、果锈、裂果、药斑等；机械伤指影响葡萄果实外观的刺伤、碰伤和压伤等；二氧化硫伤指葡萄在储存期间因高浓度二氧化硫产生的果皮漂白伤害。

（九）9月份葡萄管理

　　晚熟品种在9月份浆果成熟（图3-177、图3-178），新梢和副梢的生长日益减慢，枝蔓成熟度增加，植株组织内积累大量的有机物质。浆果成熟期，土壤水分过多会使浆果品质降低，但过度干旱又不利于浆果内含物质转化，出现生理性失水现象，从而阻碍品质的提高。

图 3-177 避雨栽培新雅葡萄成熟　　　　　图 3-178 避雨栽培和露地栽培

阳光玫瑰葡萄成熟

1.水分管理　此时晚熟葡萄品种正值浆果成熟期，特别是浆果采收后大多需要储藏，为了提高果实的耐储藏性，应控制水分，但注意不宜过分控水，造成软果。水多时要及时排水，干旱时应小水勤灌，防止因失水造成软果和水分剧烈变化造成裂果。早熟、中熟品种采收结束后应灌透水，促进树势恢复。

2.枝蔓管理　及时处理副梢，去老叶、病叶、病果，集中处理。对于新萌发的梢，及时摘心或抹除。对于晚熟品种，为了促进着色，于9月上、中旬果实开始着色后，采取摘除果穗附近叶片的方法促进果实转色。

3.采摘、储藏和保鲜　对成熟果实继续进行采摘。

对于储藏保鲜的葡萄，应以含糖量达到18%为最低标准。葡萄采收后、入库前装箱，箱内衬PVC气调膜袋。冷库提前开机，使库内温度降至−1℃，葡萄放进去敞口预冷12小时左右，达到快速预冷目的，然后放入保鲜剂和吸水纸进行封口。

选择葡萄专用保鲜剂。长期储藏管理要注意以下几点：①科学码垛。因纸箱抗压质量而异，一般纸箱码高5～8层，高级纸箱码高10～12层，垛间留出通风道。②观察库温。将库温严格控制在0～1℃范围内，经常查看库温变化，以便及时调整。③设置观察箱。在冷库不同部位摆放不盖箱盖的1～2个观察箱，随时检查箱内浆果变化，如发现霉变、腐烂、裂果、药害、冻害等变化，应及时销售或倒箱选果，防止伤害扩大蔓延。④停止制冷。当库外气温低于0℃时，应停止制冷机，启动风机，利用外界自然冷源，减少能耗。同时要密切注意库温变化，防止外界温度过低，冷气进库使库温骤降到-2℃以下。⑤防寒保温。当库外气温过低时，要堵好库门和风口保温，同时利用外界温度升高时开动风机换进新鲜空气（图3-179～图3-181）。

图3-179 采收

图3-180 包装

图3-181 冷库储藏保鲜

4.病虫害防治 继续预防霜霉病，按照病虫害防治原则规范预防，15～20天喷布一遍铜制剂，如80%波尔多液400倍液。

（十）10 月份葡萄管理

10 月份葡萄植株进入营养积累时期，叶片制造的营养物质向枝蔓和根系输送、积累，新梢逐渐成熟。葡萄园的工作重点是土壤翻耕、施基肥等，促进树势恢复，提高营养积累和提高花芽分化的质量。

1.去膜 待果实采收后，避雨栽培可将薄膜去除，使植株经过充分的抗寒锻炼（图3–182）。

图 3-182 去膜

2.土肥水管理

（1）施有机肥。秋施基肥是葡萄周年管理中最重要、最关键的一次施肥。果农们形象地把葡萄秋季施肥称作"月子肥"，就像一个女人怀胎十月，一朝分娩，营养枯竭，必须及时大量补充营养，才能保证母子健康。葡萄经过后期果实膨大，采收后树体营养消耗殆尽。特别是晚熟的品种，如果秋季采收后不及时施足基肥，树体储存营养严重亏缺，会造成第二年花芽不壮，坐果率低，幼果个头小，容易出现落花落果等生理问题。

葡萄是多年生经济作物，其营养积累具有连续性和储存性两大特点。所谓连续性，就是今年形成的花芽，明年才能开花结果。这就要求今年必须合理留果，保好叶片，管好肥水，才能保证第二年丰产优质。储存性，是指葡萄春季萌芽、开花、坐果及新梢叶片的初期生长，完全依赖上一年树体储存的养分。谢花后40天内，幼果的细胞分裂和新梢叶片的生长一方面依赖于树体的储存营养，另一方面随着叶面积的增大和叶功能的增强，把叶片光合作用转化的养分作为补充，此时期叫营养转换期。当新梢形成10片大叶以上，叶片转化的养分能够满足当天树体的消耗，才标志着营养转换期结束。所以，葡萄春季萌芽、开花、坐果、幼果膨大所需的养分，不是春季施肥提供的营养，而是完全依赖于上一年树体积累储存的营养。葡萄早熟品种成熟一般是在7月底至8月初，从其采收到落叶一般有3个月左右时间，此时正是叶片制造的有机物质回流期，施用基肥能显著提高光合作用，增加树体营养储存，对恢复树势和来年的生长、花芽分化、结果等均起着很大的作用。

葡萄基肥施用的基本原则是早施，一般在果实采收后即可进行，河南地区一般在10月上中旬进行。利用高温时间，促进新根发生和有机肥的矿化分解，可增加树体储藏营养，有利于第二年的生长和结果。但由于农事操作的关系，一般也可延后到10月中下旬进行（因各地气候差异，葡萄最佳施肥期在当地气温连续5天昼夜平均温度在22℃时最科学）。

基肥以有机肥为主，可以是农家肥、有机肥料、微生物肥料等，每亩用量3~5吨，占全年施肥量的70%以上。

农家肥：就地取材，主要有植物和（或）动物残体、排泄物等富含有机物的物料制作而成的肥料。包括秸秆肥、绿肥、厩肥、堆肥、沤肥、沼肥和饼肥等。

①秸秆肥以麦秸、稻草、玉米秸、豆秸、油菜秸等作物秸秆作为肥料。

②绿肥是新鲜植物作为肥料就地翻压还田或者异地施用，主要分为豆科绿肥和非豆科绿肥两大类。

③厩肥是圈养牛、马、羊、猪、鸡、鸭等畜禽的排泄物与秸秆等垫料发酵腐熟而成的肥料。

④堆肥是动植物残体、排泄物等为主要原料，堆制发酵腐熟而成的肥料。

⑤沤肥是动植物残体、排泄物等有机物料在淹水条件下发酵腐熟而成的肥料。

⑥沼肥是动植物残体、排泄物等有机物料经沼气发酵后形成的沼液和沼渣肥料。

⑦饼肥是含油较多的植物种子经压榨去油后的残渣制成的肥料。

有机肥料：主要来源于植物和（或）动物，经过发酵腐熟的含碳有机物料，其功能是改善土壤肥力、提供植物营养、提高作物品质。

微生物肥料：含有特定微生物活体的制品，应用于农业生产，通过其中所含微生物的生命活动，增加植物养分的供应量或促进植物生长，提高产量、改善农产品品质及农业生态环境的肥料。

成龄葡萄园采用开沟施入，开沟距离主干1.0米左右，随着树龄的增长和树势的增大，施肥位置距主干距离可适当增大。施基肥的同时可以按照每亩硫酸钾型复合肥（15∶15∶15）30～50千克、过磷酸钙30～50千克的标准施入化学肥料（图3-183～图3-186）。

图 3-183　沿树行行向开沟　　　　　　　图 3-184　撒施有机肥

图 3-185　回填土、翻匀　　　　　　　图 3-186　垂直树行行向开沟施肥

（2）土壤深翻。根据园区板结及杂草生长情况，及时进行中耕除草和土壤深翻作业。

土壤深翻是土壤管理的重要内容。当葡萄园地选在沙荒地、贫瘠的山坡或过于黏重的地段，虽然在建园时对定植沟内的土层进行了深翻改良，但在定植沟以外的大部分土层尚未熟化，使葡萄根系生长幅度局限在定植沟的范围之内。为了继续创造一个适于葡萄根系生长的土壤环境，需要在葡萄定植后的最初几年，尽早对定植沟以外的生土层进行深翻熟化。

根据地形和土壤灵活选择深翻方式，可采用深翻扩穴、隔行深翻和全园深翻。深翻可结合施有机肥进行。深翻扩穴注意与原来的定植穴打通，不留隔墙，打破"花盆"式难透水的穴。隔行深翻应注意使定植穴与沟相通。深翻深度视土壤质地而异。黏重土壤应深；果园土地深层为沙砾时宜较深，以便拣出大的砾石；地下水位较高的土壤宜浅翻。深翻时尽量少伤根，以不伤骨干根为原则。深翻后必须立即灌透水，使土壤与根系密切结合，以免引起旱害（图3-187）。

图3-187 全园土壤深翻

（3）水分管理。结合施基肥，灌透水1次，以促进肥料分解。

3.病虫害防治 使用1∶1∶200波尔多液10~15天喷施1次，重点保护叶片，直至落叶。尽量多地杀灭病原，减少病虫卵的过冬数量。

（十一）11月份葡萄管理

11月份葡萄进入落叶期和休眠期，这一时期叶片继续制造养分，并在根和枝蔓内大量积累，植株组织内淀粉含量增加，水分减少，细胞液浓度升高，新梢质地由下而上充实并木质化。这一时期生理活动进行的越充分，新梢和芽眼成熟的越好，抗冻能力越强。随着气温的下降，叶片停止光合作用，叶柄产生离层、变黄而脱落，标志着葡萄进入落叶期（图3-188、图

3-189）。

图 3-188　葡萄叶片逐渐变黄

图 3-189　葡萄进入落叶期

1.肥水管理

（1）施基肥。此前未施基肥的园子可在本月施肥，方法同10月。

（2）灌水。结合施有机肥，灌透水。

2.间伐、补植

对过密植株进行间伐，缺株空间可进行补植，最好带土球移栽，土球直径为主干粗度的8～10倍。为提高成活率和度过缓苗期，移栽后应及时灌水（图3-190～图3-194）。

图 3-190　画出土球大小

图 3-191　挖土球

图 3-192　稻草绳捆绑土球

图 3-193　运输移栽大树

图 3-194　移栽后及时灌水

（十二）12月份葡萄管理

12月份为葡萄植株的休眠期（图3-195）。

图 3-195　葡萄休眠期

1.冬季修剪

（1）修剪时间。葡萄的最佳冬季修剪时期是在落叶后进行。修剪过早或过晚，均易造成冻害或伤流。以每年12月至第二年1月底之间为宜，建议年前修剪结束。

（2）冬剪的留芽量。在树形结构相对稳定的情况下，每年冬季修剪的主要对象是一年生枝。修剪的主要工作是疏掉一部分枝条和短截一部分枝条。单株或单位土地面积（每亩）在冬剪后保留的芽眼数被称为单株芽眼负载量或单位面积芽眼负载量。适宜的芽眼负载量是保证第二年适量的新梢数、花序和果穗数的基础。冬剪留芽量多少的主要决定因素是产量的控制标准。我国多数葡萄园在冬季修剪时留芽量偏大，这是造成高产低质的主要原因。对于大多数葡萄品种，冬季修剪时，每米架面留结果母枝10个，两侧各5个。按照行距3米计算，每亩有220米架面长度，即每亩留结果母枝2 200个，留芽4 400个。另外，随着树龄的增加，结果枝常常出现缺位现象，此时需在附近选择顺势的优质结果母枝进行压条补充，确保冬芽均匀分布，无空缺（图3-196）。

图3-196　结果母枝顺势压条补充缺位

（3）修剪方法。根据品种、架形、结果部位、枝条成熟度，灵活掌握单枝更新法、双枝更新法对树体进行短截、回缩。一般欧美杂种以1~2芽短梢修剪为主，欧亚种以4~6芽中梢修剪为主，结合中长梢修剪为宜。

葡萄冬季修剪的步骤可以归纳为一"看"、二"疏"、三"截"、四"查"，具体表现如下：

看指修剪前的调查分析。即看树形，看架式，看树势，看与相邻植株之间的关系，以便初步确定植株的负载能力，再确定修剪量的标准。

疏指疏去病虫枝、细弱枝、枯枝、过密枝、需局部更新的衰弱主侧蔓及无利用价值的萌蘖枝。

截指根据修剪量标准，确定适当的母枝留量，对一年生枝进行短截。

查指经过修剪后，检查一下是否有漏剪、错剪，因而称为复查补剪。

总之，看是前提，做到心中有数，防止无目的动手就剪。疏是纲领，应根据看的结果疏出个轮廓。截是加工，决定每个枝条的留芽量。查是查错补漏，是结尾。

在修剪操作中，应当注意以下事项：①剪截一年生枝时，剪口宜高出枝条节部2厘米以上，剪口向芽的对面略倾，以保证剪口芽正常萌发和生长，或在留芽上部芽眼中间进行短截，为破芽修剪。②疏枝时，剪口/锯口剪的不要太靠近母枝，以免伤口向里干枯而影响母枝养分的输导。③去除老蔓时，锯口应削平，以利于愈合。不同年份的修剪伤口，尽量留在主蔓的同一侧，避免造成对口伤（图3-197~图3-199）。

图3-197 高宽垂架式短梢修剪

图3-198 "厂"形棚架短梢修剪

图3-199 "一"形棚架短梢修剪

2.清园 将修剪后的枝条、病果、病叶等杂物全部清理出葡萄园，集中处理。清园工作很重要，务必认真完成。

3.施基肥 此前未施基肥的园子可在本月施肥，方法同10月份。

4.冷库储藏葡萄的检查 定期抽样检查冷库内不同品种、不同部位储藏葡萄的保鲜情况，根据葡萄市场情况，制订葡萄销售计划，以获得最大效益。如发现腐烂情况，及时采取措施，尽快销售。

总之，葡萄园生产现场，要严格按照六大标准作业：整理、整顿、清扫、清洁、素养、安全。每一位员工要从被动执行，达到主动执行，直到习惯性执行。①整理。区分要与不要的东西，工作场所除了要用的东西以外，

图 3-200 清园

一切都不放置。②整顿。要用的东西依规定定位，并摆放整齐，明确标识。③清扫。清除工作场所内的脏污、废物，并防止污染再次发生。④清洁。将上述 3 项的实施，达到每天执行中制度化、规范化，并持续维持其成果。⑤素养。人人按规定做事，养成良好的习惯。⑥安全。一切工作均以安全为前提，游客、职工、产品、设备、物料、财产、用电、机械操作、果品采摘、环境、卫生均处于有序、规范状态。

第四章 河南省葡萄病虫害防治

一、河南省葡萄病虫害规范化防控技术

河南省全年葡萄病虫害防治一般需要使用12次左右药剂（图4-1）。

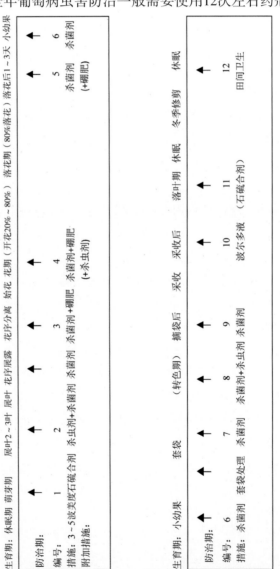

图4-1 河南省全年葡萄病虫害防治药剂使用情况

二、河南省葡萄主要病虫害发生关键时期

河南省葡萄主要病虫害发生关键时期如表4-1所示。

表4-1 河南省葡萄主要病虫害发生关键时期简表

病虫	休眠期 （11~12月）	开花前 （3~4月）	幼果期 （5月）	膨大期 （6月）	成熟采收 （7~8月）	采收后 （9~10月）
灰霉病		√	√		√	
穗轴褐枯病		√	√			
黑痘病			√	√		
褐斑病			√	√	√	√
白腐病			√	√		
炭疽病				√		
霜霉病			√	√		√
蚜虫	√		√			
螨类	√		√	√	√	√
天蛾				√	√	
透翅蛾				√		

三、河南省葡萄病虫害防控药剂建议

1.**葡萄园常用保护性杀菌剂** 保护性杀菌剂具有广谱性，是葡萄园通常使用的药剂，常用的杀菌剂包括：

（1）无机杀菌剂（硫制剂）：石硫合剂、硫悬浮剂等。

（2）含铜杀菌剂（铜制剂）：如波尔多液、王铜（氧氯化铜）、80%必备、氢氧化铜等。

（3）有机硫杀菌剂，包括福美类：如福美双（80%福美双WDG等）、福美铁等。

（4）其他，包括针对葡萄园开发的杀菌剂，如50%保倍福美双等。

2.**防控霜霉病药剂** 烯酰吗啉（如50%金科克等）、霜脲氰（80%霜脲氰WP等）、甲霜灵和精甲霜灵（25%精甲霜灵WP等）、乙磷铝（80%疫霜灵等）等。

其他：40%金乙霜、缬霉威、霜霉威、双炔酰菌胺、氟吡菌胺等。

3.防控灰霉病药剂 腐霉利、多菌灵、甲基硫菌灵、嘧霉胺、乙霉威、啶酰菌胺、氟啶胺等。

4.防控白腐病药剂 苯醚甲环唑、多菌灵、甲基硫菌灵、氟硅唑、戊唑醇等。

5.杀虫剂 啶虫醚（如5%狂刺等）、联苯菊酯（如10%联苯菊酯）、苯氧威（如3%苯氧威等）等。

其他：5%甲维盐水分散粒剂、2%阿维菌素乳油、吡虫啉（如70%吡虫啉水分散粒剂）、吡蚜酮、高效氯氰菊酯、敌百虫、辛硫磷等。

四、河南省葡萄病虫害规范化防控技术措施说明

1.萌芽期

（1）防治适期。葡萄芽萌动，从绒球至吐绿期间，有80%左右的芽变为绿色（但没有展叶）时进行防治。

（2）防控目标。杀灭、控制越冬后的病菌、虫卵，把越冬后病菌、虫卵的数量压到较低水平，从而降低病虫害对葡萄生长前期的威胁，为后期的病虫害防治打下基础。

（3）措施。揭除老皮；喷施3～5波美度的石硫合剂。要求喷洒的药剂细致、周到。

（4）说明。发芽前是减少或降低病原菌、害虫数量的重要时期，在保持田间卫生（清理果园）的基础上，根据天气和病虫害的发生情况进行防治。此次防治主要针对叶蝉、介壳虫、绿盲蝽、红蜘蛛类、黑痘病、白腐病等病虫害。一般情况下，使用3～5波美度的石硫合剂；雨水多、发芽前枝蔓湿润时间长时，建议使用硫黄水分散粒剂或铜制剂（如波尔多液或80%必备300～500倍液）。

（5）注意。上一个年份白腐病严重的果园，可在喷施石硫合剂前7天左右加用一次50%福美双600倍液；埋土时枝干有损伤的果树，可用37%苯醚甲环唑2 000倍液处理伤口。

其他可以选取的药剂种类及浓度：波尔多液+矿物油乳剂（机油乳剂或柴油乳剂）200倍液；或50%保倍福美双1 500倍液+3%苯氧威1 000倍液等。

2.发芽后至开花前　河南地区在萌芽后至开花期一般使用3次杀菌剂和1次杀虫剂。多雨年份应在花序展露期增加一次保护性杀菌剂（如30%万保露800倍液）；缺锌的果园可以使用锌钙氨基酸300倍液2～3次。具体使用细节如下：

（1）2～3叶期。

防治适期：葡萄展叶后，80%以上的嫩梢有2～3片叶已经展开时进行防治。

措施：喷施药剂；根据农业生产方式选择合适药剂种类（即有机农业选择有机农业允许使用的药剂，绿色食品认证选择绿色食品可以使用的药剂，下同）。

药剂种类建议：

①一般情况。80%必备800倍液+5%狂刺5 000倍液。

②干旱少雨年份。10%联苯菊酯3 000倍液或5%狂刺水分散粒剂5 000倍液。

③有介壳虫为害的葡萄园。80%必备600～800倍液+3%苯氧威1 000倍液。

说明：一般情况下，使用杀菌剂+杀虫杀螨剂。对于没有虫害和螨类害虫为害的葡萄园，使用波尔多液等保护性杀菌剂；对于虫害和螨类害虫为害的葡萄园，使用80%必备600～800倍液+5%狂刺水分散粒剂5 000倍液。有机栽培可以选择80%必备500倍液+机油或矿物油乳剂（400～800倍液）或苦参碱或藜芦碱。

④春季多雨的年份。在萌芽后至花序展露期之间，需要增加使用1次药剂。可以选择30%万保露600倍液或保倍福美双1 500倍液或必备500～600倍液。有机栽培可以选择80%必备500～600倍液或波尔多液。

注：虫害或螨类为害比较严重的葡萄园，在萌芽后至花序展露期之间，需要增加使用1次杀虫剂，如10%联苯菊酯3 000倍液。有机栽培可以选择机油或

矿物油乳剂400～800倍液或0.2～0.3波美度的石硫合剂。

（2）花序分离期。

防治适期：葡萄花序开始为"火炬"形态，之后花序轴之间、花梗之间和花蕾之间逐渐分开，待90%以上的花序处于花序分离状态时进行防治。

措施：喷施药剂；根据农业生产方式选择合适药剂种类。

药剂使用建议：一般情况，建议使用50%保倍福美双1 500倍液+40%嘧霉胺1 000倍液+保倍硼2 000倍液+锌钙氨基酸300倍液。

说明：花序分离期是开花前最重要的防治时间点，是灰霉病、炭疽病、霜霉病、黑痘病、白腐病等病害的防治适期，对全年的防治起决定性作用，同时也是补充硼肥、提高授粉的重要时期。如果在此时期补充锌、钙、氨基酸肥，也可以促进葡萄授粉和坐果。根据葡萄园病虫害种类和农业生产方式选择药剂，如波尔多液、农抗120、武夷菌素等。

（3）开花前（始花期）。

防治适期：始花期是花序上有1%～5%的花蕾开花时。葡萄花的花帽被顶起，称为开花，一般葡萄花序的中间偏上花蕾先开花。

措施：喷施药剂；根据农业生产方式选择合适药剂种类。

药剂使用建议：一般情况，建议使用50%保倍福美双1 500倍液+70%甲基硫菌灵800倍液+保倍硼3 000倍液（+杀虫剂）。

说明：开花前是防治多种病虫害发生的重要时期，一旦发生病虫害，损失无法弥补，因此，不管是哪个葡萄品种、栽培方式，都要进行防治。此时期防控的重点是灰霉病、穗轴褐枯病。另外，还有霜霉病、白粉病、炭疽病、白腐病、黑痘病等。有虫害的果园，最好把害虫消灭在开花前，可以使用5%狂刺500倍液，兼顾此时的绿盲蝽和蓟马等为害。根据葡萄园病虫害种类和农业生产方式选择合适药剂，如波尔多液、农抗120、武夷菌素等。

药剂调整：如果葡萄灰霉病发生严重，可以使用50%保倍福美双1 500倍液+50%腐霉利1 000倍液+保倍硼3 000倍液；有虫害的果园，可以使用50%保倍福美双1 500倍液+50%腐霉利1 000倍液+保倍硼3 000倍液+5%狂刺5 000倍液；有机栽培的葡萄园，可以使用1%武夷菌素水剂100倍液+21%保倍硼3 000

倍液。

3.谢花后至套袋前 根据葡萄的套袋时间，在谢花后至套袋前使用2~3次药剂。早套袋，使用两次药剂；晚套袋，使用3次药剂；如果套袋时间继续推迟，可以根据天气情况适当增加使用次数，一般8天左右使用1次药剂。套袋前必须用药剂处理果穗。

（1）谢花后第1次药剂。

防治适期：葡萄80%的花序落花结束，其余20%的花序部分花帽脱落，之后的1~3天进行防治。葡萄花帽从柱头上脱落，称为落花。

措施：喷施药剂；根据农业生产方式，选择合适药剂。

药剂使用具体建议：一般情况，建议使用50%保倍福美双1 500倍液+50%腐霉利800倍液。

说明：落花后是防治黑痘病、炭疽病、白腐病等病害的关键时期；对于多雨或湿度大的地块，霜霉病、灰霉病也要进行防治；有透翅蛾的葡萄园，谢花后还要注意透翅蛾的防治；后期有褐斑病为害的园区，此时也是重要防治时期。药剂的种类根据农业生产方式进行选择，如有机农业或其他特殊的农业生产方式可以选择5亿活芽孢/毫升枯草芽孢杆菌50倍液+保倍硼或80%必备400~500倍液+机油或矿物油乳剂（400~800倍液）（或苦参碱或藜芦碱）或波尔多液、农抗120、武夷菌素、亚磷酸等。

调整：对于介壳虫或斑衣蜡蝉为害比较严重的果园，花后第一次药剂可以使用50%保倍福美双1 500倍液+50%腐霉利800倍液+5%狂刺5 000倍液。

（2）谢花后第2次药剂。

防治适期：谢花后12天左右是果实膨大始期，此时期葡萄已经坐稳果，果穗形状已基本定型，距离上次使用农药时间约10天。

措施：喷施药剂；根据农业生产方式选择合适药剂。

药剂使用具体建议：一般情况，使用30%万保露600倍液+40%氟硅唑8 000倍液+保倍钙1 000倍液（+杀虫剂）。

说明：落花后的第2次用药与第1次用药相辅相成，重点是防治灰霉病、炭疽病、白腐病、溃疡病等。根据农业生产方式进行药剂种类的选择，如有机农业或其他特殊的农业生产方式可以选择波尔多液、农抗120、武夷菌素、亚磷酸等。

调整：介壳虫或斑衣蜡蝉为害较重的果园，在花后的第1次药剂使用30%万保露600倍液+40%氟硅唑8 000倍液+3%苯氧威1 000倍液。

（3）谢花后的第3次药剂。

防治适期：谢花后22天左右是果实快速膨大期。一般情况下，坐果已经结束，果穗形状已经形成，距离上次用药10天左右。

措施：喷施药剂；根据农业生产方式选择合适药剂。

药剂使用具体建议：一般情况下，使用30%万保露600倍液+70%甲基硫菌灵800倍液（+保倍钙1 000倍液）。

说明：此次是落花后的第3次药剂使用，与第1、第2次相辅相成。根据虫害发生种类和严重程度确定是否再加入防治害虫的药剂。药剂种类的选择要根据农业生产方式进行，如有机农业或其他特殊的农业生产方式可以选择波尔多液、农抗120、武夷菌素、亚磷酸等。

注：套袋前果穗处理。

防治适期：果穗整形后、套袋前进行处理。

措施：药剂浸泡果穗。

药剂使用建议：25%保倍1 500倍液+37%苯醚甲环唑3 000倍液+50%抑霉唑3 000倍液。

说明：套袋前的果穗处理是防控套袋后造成果实腐烂相关病害的重要措施之一，要在果穗整形后、套袋前进行。

4.套袋后至成熟期　河南省葡萄从果实套袋后至成熟前，需要50～90天。这期间，需要根据天气和霜霉病的发生情况使用多次药剂。此阶段防控病虫害的关键点是套袋后、转色期和摘袋前，其他时期一般情况下不使用药剂。根据病虫害发生情况一般需要使用5～6次药剂；对于连续几年病虫害防控效果比较好的果园，在天气条件好时，套袋后可以使用3～4次药剂。

（1）套袋后。

防治适期描述：套袋后，由于果穗整形、套袋等田间作业比较多，套袋结束后应立即使用一次杀菌剂（或者套袋完成一块地，就马上喷施药剂）。

措施：喷施药剂。

药剂使用建议：50%保倍福美双1 500倍液。

说明：此次用药重点是防控霜霉病和保护伤口。

可以选取的其他药剂种类：波尔多液（1∶1∶200）、37%苯醚甲环唑3 000倍液或30%万保露600倍液等。

调整：如果雨季提前，可以调整为：50%保倍福美双1 500倍液+50%金科克3 000～4 000倍液。

（2）转色期。

防治适期描述：5%～10%果粒开始上色或软化，为此次防治适期。

措施：喷施药剂，杀菌剂+杀虫剂。

药剂使用具体建议：一般情况，80%必备600倍液+10%联苯菊酯3 000倍液+50%金科克4 000倍液。

说明：这个时期是雨季的开始，防控霜霉病、酸腐病并重。

7月下旬，在使用杀菌剂的同时，根据天气情况添加霜霉病内吸性药剂，如50%金科克4 000倍液。

（3）摘袋前。

防治适期：根据果实成熟程度、天气或市场需求选择摘袋时间；摘袋前必须使用一次药剂，以保证成熟、采摘期间的安全。

药剂使用建议：一般情况，波尔多液（1∶1∶200）或其他铜制剂等，对于摘袋上色的品种（摘袋后需要经过几天上色再采收）建议使用50%保倍福美双1 500倍液或25%保倍悬浮剂1 000倍液。

说明：有些葡萄品种在果袋内上色较慢，为了增加上色，一般在采摘前进行摘袋。因摘袋后不再使用农药防治病虫害，且摘袋后到采收期间有比较长的一段时间。因此，要求摘袋前最好使用一次药剂，减少病虫害的为害概率，保证成熟、采摘期间的果品安全。

（4）其他时期。套袋后是河南地区的雨季，一般情况下，每10天左右使用1次药剂，药剂选择以防控霜霉病和黑痘病的杀菌剂为主。除以上3次进行病虫害防治外，其他时期建议使用保护性杀菌剂，如铜制剂（现配波尔多液、必备、氢氧化铜、氧氯化铜等）或福美双（80%福美双WP等）等，并根据霜霉病发生程度，配合使用霜霉病的内吸性杀菌剂。

5.摘袋后至采收期 为了果品安全，建议套袋葡萄在采收前15天不使用内吸性药剂，不套袋葡萄在采收前15天不使用任何药剂。

6.采收后

防治适期：葡萄果实采收后，立即喷施一次药剂。

措施：喷施药剂。

药剂使用建议：波尔多液（+杀虫剂）。

说明：葡萄采收后，枝条需要充分老熟，枝蔓和根系需要充分的营养积累以安全越冬，因此，此时期要避免病虫为害造成早期落叶。葡萄采收后的病虫害防治会减少越冬的病菌、虫卵基数，为第二年的病虫害防治打下基础。因此，在葡萄采收后应立即使用1次药剂，如果添加杀虫剂，建议使用80%必备600倍液或30%王铜800倍液等+杀虫剂；如果单独使用铜制剂，可以选择波尔多液或其他铜制剂。

7.修剪、埋土防寒与清园

防治适期：葡萄修剪后，建议立即使用1次药剂。药剂使用后2～3天进行埋土防寒。

措施：喷施药剂。

药剂使用建议：石硫合剂或波尔多液（+杀虫剂）。

说明：此次病虫害防治，会减少病菌、虫卵的越冬基数，为第二年的病虫害防治打下基础。

8.休眠期

防治适期：葡萄冬季修剪后。

防控目标：减少病菌、虫卵数量，为第二年的病虫害防治打下基础。

措施：清园。清园措施包括清理田间落叶、枝条、葡萄架上的卷须等杂物，也包括剥除老树皮等。

五、河南省阳光玫瑰葡萄病虫害规范化防控技术简表

按照以上四项内容和病虫害防控理念，根据葡萄园的具体情况，确定一个生育周期（一年）的葡萄病虫害规范化防控方案。表4-2是"河南省葡萄病虫害规范化防控技术简表"，以供参考。

表4-2　河南省葡萄病虫害规范化防控技术简表

时期		措施	注
萌芽期		5波美度石硫合剂	萌芽后展叶前
发芽后至开花前	2～3叶	80%必备800倍液+2%狂刺5 000倍液（或10%联苯菊酯3 000倍液）	一般情况下建议使用3次杀菌剂、1～2次杀虫剂。因为发芽后至开花前是病虫害防治最重要的时期之一，是体现规范防治中"前狠后保"的关键时期
	花序分离期	50%保倍福美双1 500倍液+40%嘧霉胺1 000倍液+保倍硼2 000倍液+锌钙氨基酸300倍液	
	开花前	50%保倍福美双1 500倍液+70%甲基硫菌灵800倍液+保倍硼3 000倍液（+杀虫剂）	
谢花后至套袋前	谢花后2～3天	50%保倍福美双1 500倍液+50%腐霉利1 000倍液	在谢花后至套袋前使用2～3次药剂；早套袋，使用2次药剂；晚套袋，使用3次药剂。套袋前用药剂处理果穗
	谢花后12天左右	30%万保露600倍液+40%氟硅唑8 000倍液+保倍钙1 000倍液（+杀虫剂）	
	谢花后22天左右	30%万保露600倍液+70%甲基硫菌灵800倍液+保倍钙1 000倍液	
	套袋前果穗处理	50%保倍福美双3 000倍液+37%苯醚甲环唑3 000倍液+50%抑霉唑3 000倍液（+杀虫剂）	
套袋后至成熟期	套袋后	50%保倍福美双1 500倍液	根据天气情况和霜霉病发生情况使用多次药剂；最为重要的防治时期是套袋后、转色始期和摘袋前
	软化期	80%必备600倍液+10%联苯菊酯3 000倍液+50%金科克4 000倍液	
		（波尔多液或必备或保倍福美双）	
	摘袋前	50%保倍福美双1 500倍液或25%保倍悬浮剂1 000倍液	
采收期			不使用药剂
采收后		波尔多液或石硫合剂	使用1～2次

六、常见农药及其防治病虫害种类和特点

1.常见农药及其防治病虫害种类

（1）石硫合剂——多种病虫害。石硫合剂的主要成分是多硫化钙，具有渗透和侵蚀病菌及害虫表皮蜡质层的能力，喷洒后在植物体表形成一层药膜，保护植物免受病菌侵害，适合在植株发病前或发病初期喷施。石硫合剂防治谱广，不仅能防治多种果树的白粉病、黑星病、炭疽病、腐烂病、流胶病、锈病、黑斑病，而且对果树红蜘蛛、秀壁虱、介壳虫等病虫防治也有效。在生产上，一般果树进行冬季修剪后，都会用石硫合剂全园喷施消毒。

（2）阿维菌素——螨类。阿维菌素是一种高效、广谱的抗生素类杀虫、杀螨剂，对昆虫和螨类具有胃毒和触杀作用，无内吸作用，但在叶片上有很强的渗透性，可杀死叶片表皮下的害虫，且残效期长。螨类和昆虫幼虫与药剂接触后即出现麻痹症状，不活动不取食，2~4天后死亡，在植物表面残留少，对益虫的损伤小。可用于防治果树、蔬菜、粮食等作物的叶螨、瘿螨、茶黄螨和各种抗性蚜虫，对小菜蛾、菜青虫、潜叶蛾等幼虫也有一定的防治效果。

（3）吡虫啉——刺吸式口器害虫。吡虫啉是烟碱类超高效杀虫剂，具有广谱、高效、低毒、低残留的特点，害虫不易产生抗性，且对人、畜、植物安全，并具有触杀、胃毒和内吸等多重作用，害虫接触药剂后，中枢神经正常传导受阻，使其麻痹死亡。对刺吸式口器的蚜虫、飞虱、叶蝉、蓟马有较好的防治效果，但对线虫和红蜘蛛无效，对蜜蜂有害，禁止在花期使用。采收前15~20天停止使用。

（4）啶虫脒——半（同）翅目昆虫。啶虫脒具有触杀和胃毒作用，在植物体表面渗透性强。杀虫谱广，活性高、用量少、持效期长，适用于防治果树、蔬菜等多种作物上的半翅目害虫，导致昆虫麻痹，最终死亡。可防治各种半（同）翅目昆虫，蚜虫、叶蝉、粉虱、介壳虫等，还对小菜蛾、潜蛾、小食心虫、天牛、蓟马等有效。用颗粒剂做土壤处理，可防治地下害虫。

（5）螺虫乙酯——刺吸式口器害虫、红蜘蛛。螺虫乙酯是一种新型杀虫、

杀螨剂，具有双向内吸传导性，可以在整个植物体内向上、向下移动，抵达叶面和树皮，从而防治如生菜和白菜内叶上及果树皮上的害虫。高效广谱，持效期长，有效防治期可长达8周。可有效防治各种刺吸式口器害虫，如蚜虫、叶蝉、介壳虫、木虱、粉虱等，对重要益虫瓢虫、食蚜蝇和寄生蜂比较安全。常用于柑橘防治红蜘蛛和介壳虫。

（6）功夫菊酯——鳞翅目昆虫。功夫菊酯又名功夫，为拟除虫菊酯类杀虫剂，具有触杀、胃毒作用，击倒速度快，杀卵活性高。杀虫谱广，可用于防治食心虫、卷叶蛾、刺蛾、夜蛾、毛虫类、茶翅蝽、绿盲蝽、蚜虫等大多数害虫。对人、畜毒性中等，对果树比较安全，但害虫易对该药产生抗药性，不易连续多次使用，应与螺虫乙酯、吡虫啉等交替使用。高效氯氰菊酯有同样效果。

（7）多菌灵——真菌病害。多菌灵是一种高效、广谱、内吸性杀菌剂，具有保护和治疗作用，对多种作物由真菌引起的病害有防治效果，可用于叶面喷雾、种子处理和土壤处理等。能有效防治果树褐斑病、炭疽病、轮纹病，蔬菜灰霉病、白粉病、菌核病、枯萎病等多种病害。安全间隔期15天，1年最多使用3次。

（8）波尔多液——多种病害。波尔多液是一种应用范围广、历史悠久的铜制杀菌剂，对葡萄霜霉病、黑痘病、炭疽病和褐斑病等多种病害都有良好的防治效果。防治葡萄病害的波尔多液一般采用200倍的石灰半量式，即1（硫酸铜）：0.5：（石灰）：200（水）。也可以采取1：0.7：240的比例配制。波尔多液应现配现用，不能久贮，否则容易变质失效，还容易产生药害。波尔多液是最常见的铜制剂，开花前、鲜食葡萄套袋后、不套袋葡萄采收后，是使用波尔多液的时期。但现配的波尔多液药效稳定性较差、混配性差、易污染叶片和果面（影响光合作用）；在需要与其他药剂混用时，可以选择现成制剂，比如80%水胆矾石膏可湿性粉剂。

（9）苯醚甲环唑。苯醚甲环唑为广谱内吸性杀菌剂，施药后能被植物迅速吸收，药效持久。对子囊菌、担子菌、半知菌等多种病原真菌有防治效果，广泛应用于果树、蔬菜等作物，主要用作叶面处理剂和种子处理剂，主要用于防治梨黑星病、苹果斑点落叶病、番茄旱疫病、西瓜蔓枯病、辣椒炭疽病、草莓白粉病、葡萄炭疽病、黑痘病、柑橘疮痂病等。

（10）嘧菌酯。嘧菌酯是一种新型内吸性杀菌剂，能被植物吸收和传导，具有保护、治疗和铲除效果。对几乎所有真菌病害均有良好的活性，且与目前已有杀菌剂无交互抗性，用于谷物、果树及其他作物，且对这些作物安全。

2. 15种保护性杀菌剂及其防治病害种类（表4-3）

表4-3　15种保护性杀菌剂及其防治病害种类

名称	防治病害名称	注意事项
波尔多液	霜霉病、黑痘病、炭疽病、褐斑病等	现配现用
吡唑嘧菌酯	霜霉病、白粉病、褐斑病、穗轴褐枯病等	提前使用，复配效果更好
嘧菌酯	白粉病、霜霉病、炭疽病等	不能与乳油、有机硅类增效剂混用
福美双	立枯病、猝倒病、炭疽病、疫病	不能与铜制剂、含汞的药剂混用
菌毒清	病毒病	不宜与其他农药混用
百菌清	疫病、黑斑病、炭疽病、立枯病、白粉病、猝倒病	幼果期使用易产生药害，建议套袋后使用
敌克松	疫病、立枯病、猝倒病、根腐病、锈腐病	不能与碱性农药混用
异菌脲	黑斑病、炭疽病、立枯病、灰霉病	不能与腐霉利、乙烯菌核利、碱性、强酸性农药混用
乙烯菌核利	黑斑病、炭疽病、灰霉病	4～6叶以后使用，移苗要在缓苗之后才能使用；低温、干旱时要慎用
45%晶体石硫合剂	白粉病、锈病、麻叶斑点病	属于强碱性，不能与有机磷、铜制剂混用
硫黄悬浮剂	白粉病、麻叶斑点病	气温高效果好，摇动均匀再用
金铜喜	疫病、炭疽病、立枯病、猝倒病、细菌性斑点病	出苗期不能用，不能与强酸性、强碱性农药混用

续表

名称	防治病害名称	注意事项
咯菌腈	立枯病、炭疽病、黑斑病、圆斑病	现配现用
安泰生	立枯病、炭疽病、霜霉病、疫病	不能与碱性农药混用
百泰	立枯病、炭疽病、霜霉病、疫病、猝倒病	不能与碱性农药混用

3.20种高效杀虫剂及其特点

（1）甲维盐。本药有胃毒和触杀作用；害虫发生不可逆转麻痹，停止进食，2～4天后才能死亡，杀虫速度较慢；高浓度甲维盐对于蓟马类有活性，对作物安全。

（2）吡虫啉。本药有触杀、胃毒和内吸作用；害虫麻痹死亡；速效性好，1天即有较高的防效，温度高杀虫效果好；对刺吸式口器害虫有效；易被作物吸收，可以从根部吸收，目前主要用来防治蚜虫等。

（3）噻虫嗪。本药为烟碱类农药，主要用来防治蓟马、蚜虫、木虱等，具有内吸性，可以根施，也可以喷施。

（4）虫酰肼。本药促进鳞翅目幼虫蜕皮；对高龄和低龄的幼虫均有效；6～8小时就停止取食（胃毒作用），比蜕皮抑制剂的效果更显著，3～4天后开始死亡；无药害，对作物安全。

（5）灭幼脲。本药为初龄幼虫期用药，虫龄越大，防效越差，对天敌安全，对鳞翅目及蚊蝇幼虫活性高；药后3天开始死亡，5天达死亡高峰；对成虫无效。

（6）氯虫苯甲酰胺。本药长效、低毒，对于鳞翅目害虫高效，目前主要用来防治水稻上稻纵卷叶螟、钻心虫等。

（7）吡蚜酮。本药主要用来防治水稻上稻飞虱，速效性差，抗性也越来越大，对于某些蚜虫效果差。

（8）烯啶虫胺。本药主要用来防治蚜虫、稻飞虱等，速效性好，持效期短，抗性增大。

（9）啶虫脒。本药有触杀和胃毒作用，可以防治蚜虫、叶蝉、粉虱、介壳虫和鳞翅目的潜叶蛾、小食虫以及鞘翅目的天牛、蓟马等各类害虫，受温度影响大，温度低则效果差。

（10）噻嗪酮。本药对于介壳虫有效果，原来对于稻飞虱效果较好，由于抗性问题，目前很少使用，不宜直接接触白菜、萝卜等。

（11）异丙威。本药具有触杀作用，有一定的渗透和传导活性，且速效性强；主要用于水稻，防治水稻飞虱和叶蝉，兼治蓟马。

（12）联苯菊酯。本药为杀虫、杀螨剂；具有胃毒和触杀作用；效果显著，可以用来做杀螨剂和防治鳞翅目害虫。

（13）毒死蜱。本药广谱，具有胃毒、触杀和熏蒸作用；对地下害虫效果好；对鳞翅目、螨虫、线虫都有效果，瓜类苗期敏感。

（14）溴氰菊酯。本药具有触杀作用，兼有胃毒、驱避和拒食作用；对鳞翅目幼虫有效，对螨类无效；穿透性很弱。

（15）三氟氯氰菊酯。本药对害虫和螨类有强烈的触杀和胃毒作用，敏感人群会感觉奇痒。

（16）百树菊酯。本药具有触杀和胃毒作用，主要用来杀灭地下害虫。

（17）苏云金杆菌。本药为生物农药，现实中都是加入隐性成分来增加效果。

（18）阿维菌素。本药为广谱抗生素类杀虫、杀螨剂；具有胃毒和触杀作用；目前可防治红蜘蛛、卷叶螟。高浓度防治二化螟。阿维菌素是一款虫、螨、线虫三杀，应用非常广泛的老药。它杀虫广谱、效果突出，深受大家的喜爱。但是，随着阿维菌素的使用年限以及使用剂量的增加，其抗性问题也越发严重。

（19）四聚乙醛。为杀蜗牛剂，春、秋雨季秧苗播种或移植后，低温（1.5℃以下）或高温（35℃以上）因蜗牛活动力弱，影响防治效果。

（20）氟铃脲。本药具有杀虫和杀卵活性，而且速效，尤其防治棉铃虫、卷叶螟、钻心虫等，现在高剂量用来防治二化螟。

参考文献

［1］程大伟，陈锦永，顾红，等. 阳光玫瑰葡萄果实质量等级规范［J］.果农之友，2018，10：35-36.

［2］程万强. 园艺作物应用植物生长调节剂安全性探讨及建议［J］.农业科技通讯，2014（3）：247-249.

［3］蒯传化，刘崇怀. 当代葡萄［M］.郑州：中原农民出版社，2016.

［4］李莉，段长青. 葡萄高效栽培与病虫害防治彩色图谱［M］.北京：中国农业出版社，2017.

［5］李民，刘崇怀，申公安，等. 葡萄病虫害识别与防治图谱［M］.郑州：中原农民出版社，2019.

［6］刘崇怀，马小河，武岗，等. 中国葡萄品种［M］.北京：中国农业出版社，2014.

［7］刘崇怀，沈育杰，陈俊，等. 葡萄种质资源描述规范和数据标准［M］.北京：中国农业出版社，2006.

［8］刘俊，晁无疾，亓桂梅，等. 蓬勃发展的中国葡萄产业［J］.中外葡萄与葡萄酒，2020（1）：1-8.

［9］刘巧，彭家清，程均欢，等. 植物生长调节剂在葡萄生产中的应用研究进展［J］.黑龙江农业科学，2019（8）：169-174.

［10］吕中伟，罗文忠. 葡萄高产栽培与果园管理［M］.北京：中国农业科学技术出版社，2015.

［11］孙磊，闫爱玲，张国军，等. 玫瑰香味葡萄新品种'瑞都科美'的选育

［J］. 果树学报，2017，34（12）：1 624-1 627.

［12］王海波，刘凤之. 鲜食葡萄标准化高效生产技术大全（彩图版）
［M］. 北京：中国农业出版社，2017.

［13］王志刚，崔秀峰，高文胜，等. 水果绿色发展生产技术［M］. 北京：化
学工业出版社，2018.

［14］王忠跃，王世平，刘永强，等. 葡萄健康栽培与病虫害防控［M］. 北
京：中国农业科学技术出版社，2017.

［15］杨承时. 中国葡萄栽培的起始及演化［J］. 中外葡萄与葡萄酒，2003，
（4）：4-7.

［16］张晓锋，娄玉穗，尚泓泉，等. 不同保鲜处理对'阳光玫瑰'葡萄储
藏品质及生理生化的影响［J］. 河南农业大学学报，2019，53（5）：
698-703.